资助项目:

1. 国家自然科学基金项目"西南屯堡聚落空间基因图谱及其传播的时空特征研究"(52068006)
2. 首批国家级一流本科课程社会实践一流课程《城市规划设计(8)》(2020150166)

西南屯堡
聚落空间解析

杜　佳　李宝珍　佘舒婷　宋嘉惠　杨廷琳　著

中国建筑工业出版社

图书在版编目（CIP）数据

西南屯堡聚落空间解析／杜佳等著. -- 北京：中
国建筑工业出版社，2024.12. -- ISBN 978-7-112
-30666-4

Ⅰ. TU982.297

中国国家版本馆CIP数据核字第2025YN8008号

　　本书以空间形态学、空间发展论及空间基因理论为基础，借助多样的空间量化
研究方法，结合历史学、民族学、传播学等交叉学科，从多个维度及层次，系统解
析了各区段多样本屯堡聚落的空间要素及其组合规则，凝炼西南屯堡空间基因并对
其作用机制进行深入解析。在此基础上，从空间基因观察西南屯堡聚落空间的传承
与演变、与周边聚落的空间交融现象，并分析其传承、演变与交融的动力机制，最
后提出聚落空间保护传承与利用策略建议。本书适用于城乡规划、建筑学、风景园
林等设计实践与理论研究人员阅读，也可供地理学、历史学、民族学等相关专业研
究人员参考。

责任编辑：张　华
责任校对：芦欣甜

西南屯堡聚落空间解析

杜　佳　　李宝珍　　佘舒婷　　宋嘉惠　　杨廷琳　　著

*

中国建筑工业出版社出版、发行（北京海淀三里河路9号）

各地新华书店、建筑书店经销

北京锋尚制版有限公司制版

北京中科印刷有限公司印刷

*

开本：787毫米×1092毫米　1/16　印张：13½　字数：286千字

2025年6月第一版　　2025年6月第一次印刷

定价：**68.00**元

ISBN 978-7-112-30666-4

（44447）

前　言

　　西南屯堡是源于明代卫所制下屯田戍守形成的特殊聚落类型，也是明清时期西南地区最为重要的汉族移民聚落类型，承载着丰富的历史、文化和地域信息，是中国西南地区独特的历史文化遗产。其空间形态、社会组织及文化习俗不仅反映了明代军事防御及汉族传统聚落营建特征，更是多民族文化交流融合与地域适应的生动见证。本书以西南屯堡聚落为研究对象，以空间形态学、空间发展论及空间基因理论为基础，选取西南地域若干代表性屯堡聚落，进行了大量实地踏勘和调研，通过"解析空间特征因子—提取空间组构规则—凝练空间基因及图谱—机制解析"，采用多样的定性与定量相结合的研究方法，对样本屯堡聚落空间要素及组合规则进行解析和提取，总结并凝练西南屯堡空间基因及作用机制。进一步研究其与母源地的传承演变现象及与周边其他民族聚落的空间交融关系，进而为文化线路研究、聚落保护与可持续发展提供理论依据和实践策略。本书共分为8章，各章内容既相互独立，又紧密衔接，构成了一个完整的研究体系。

　　第1章为西南屯堡研究的背景概况。本章首先介绍了明代卫所制下西南屯堡的形成背景，探讨了交通线与西南卫所屯堡布局的关联，重点分析了西南屯堡分布与湘黔滇驿道"走廊"的紧密关系。然后，整理了屯堡移民的主要来源，主要为史称的江南江淮及江西一带汉族，概述其社会组织结构、文化习俗及生产方式。最后，本章介绍了研究所采用的理论与方法，重点引入"空间基因"概念及理论，明确本研究中空间量化的具体方法及屯堡空间基因识别与研究技术路线。

　　第2章至第4章分别对湘黔滇驿道走廊的中段、西段和东段屯堡聚落进行了空间基因的识别与解析。结合各区段地域背景特征，选取具有代表性的样本屯堡聚落，从环境特征、形态特征、格局特征、场所特征、街坊肌理、宅院街巷关系、庭院建筑及建筑细部等多个维度及层次，系统解析了各区段屯堡聚落的空间要素及其组合规则，为后续的总结与对比研究奠定基础。

　　第5章在前文基础上，凝练了西南屯堡的空间基因，并对其作用机制进行了深入解析。从地景层次、聚落层次和建筑层次三个尺度，总结了屯堡聚落的空间基因特征，并探讨了精神文化、自然生态、经济技术、卫所制度、社会组织等系统因素对屯堡空间基因形成的影响。此外，还对比了湘黔滇驿道走廊不同区段屯堡聚落的空间差异，揭示了地理环境与社会文化对聚落空间形态的塑造作用。

第6章与第7章主要探讨了西南屯堡聚落空间的传承、演变及其与周边聚落的空间交融。第6章首先通过溯源明确了西南屯堡与母源地的族群关系，并通过对两地样本聚落的对比分析，探讨了西南屯堡聚落对母源地传统聚落空间基因的传承，较母源地聚落空间基因发生的变异，并分析传承与演变的深层动力机制。

第7章选取屯堡聚落周边其他民族聚落进行实地踏勘和调查，对屯堡聚落空间及周边其他民族聚落空间基因进行比较研究，分析了西南屯堡与周边聚落在地景层次、聚落层次和建筑层次上的空间基因交融现象，并以镇山村为例，详细解析了屯堡与布依族聚落的空间基因交融，并进一步梳理空间基因交融的动力机制，指出文化传播是聚落空间交融的主导因素。

第8章在前文研究的基础上，提出了西南屯堡聚落空间的保护传承与利用策略。本章以体系性、整体性、原真性和延续性为保护原则，结合西南地区现状社会经济文化和技术背景，从聚落体系、地景层面、聚落层面和建筑层面，分别提出了具体的保护与利用策略，并提出了空间活化利用的其他建议。

本书对西南屯堡空间基因的研究，可以构成我国西南地区特有的空间基因数据库的一部分；对西南边地聚落建设发展历史的内在逻辑完善具有重要价值；对解读湘黔滇驿道文化线路遗产及廊道空间，保护完整的文化景观和系统网络，完善文化遗产网络具有支撑作用；对该地区传统聚落的保护和可持续发展及地区城镇设计应用有指导意义。希望本书能够为相关领域的研究者、规划师、建筑师及文化遗产保护工作者提供有益的参考，同时也为读者深入了解西南屯堡聚落的历史文化价值提供新的视角与启发。

目 录

第1章

西南屯堡研究背景概况

1.1 西南屯堡的形成背景

1.1.1 明代卫所制与聚落体系

卫所制是明朝在边疆地区广泛实行的军事制度，按照明代的行政区划，一州或一县设所，两县或两州以上者设卫，再上一级布政使司所在地设都指挥使司，形成了"五军都督府—都司、行都司—卫—千户所—百户所—总旗—小旗"[1]的军事层级体系。每卫5600人，置卫指挥使司进行管理。卫指挥司通常领左、右、前、后、中5个千户所，千户所额定1120人，领10个百户所，百户所额定112人。每百户领总旗二，总旗领小旗五，小旗领兵十名。屯，在明朝的屯军制度中，是最基本的生产单位，一个屯（所）实际上是屯田百户所，聚落名称中通常带"屯"字，隶属千户所[2]。又据《镇宁县志地理志》中记载："堡者，小于城而大于寨，所以驻兵屯田。卫之下守御所，所之下堡，堡之下总旗，总旗之下小旗。小旗之兵分守堡兵、操军、垦田军等。"[3]屯与堡作为军事防御的基层单位，"以守为攻，莫如筑堡；而以农为兵，莫如开屯；二者有相因之势"[4]。两者通称为"屯堡"，军士既成守边疆，又屯田生产粮食，在保障自身生存的同时为国家纳粮，其聚落称"屯"或"堡"。驻守路口负责瞭望、盘查之处称为"哨"，驿道上分段设置保障文武官员、公文往返所需之人力、马匹及食宿处则名之为"铺"。最终形成卫城—千户所城—百户所（屯、堡）—铺、哨的聚落体系。本书中的屯堡聚落，泛指在卫所制背景下形成的聚落体系中百户所、屯、堡、哨、铺等基层聚落。

1.1.2 明代西南设卫概况

明洪武十四年（1381年），明太祖朱元璋调派傅友德、沐英等将领挥军南下，与蓝玉率部30万大军剿灭云南元朝梁王余部，收复云南，史称调北征南。平定云南后，朱元璋深忧"虽有云南，不能守也"[5]，欲长久控制西南，必先稳定贵州。为了西南地区的长治久安，朱元璋决定留"西平侯沐英率数万众镇滇中"[6]，把数十万明朝官兵屯兵屯田驻守西南。按照明代卫所军事制度驻扎下来，形成若干卫所屯堡聚落。"卫所数量密集，沿驿道交通线设置，分布不均衡……多为实土卫所"[7]。实土卫所意味着卫所辖范围内有实体卫城及屯堡哨所聚落。根据历史文献及相关研究，将明代西南地区（包括湖南西部及云贵川地区）设卫情况整理如表1-1-1所示[8]，由于部分卫在明代不同时期有级别、归属地以及废立等变化，此表汇总了在明代某一阶段曾设立卫的地区名称，不体现卫所历时性变化及共时性。

明代西南地区设卫情况一览表　　　　　表1-1-1

省份（今）	"卫"名称	具体地点（今）
湖南省西部	辰州卫	湖南省沅陵县至泸溪县
	沅州卫	湖南省芷江侗族自治县
贵州省	平溪卫	贵州省玉屏侗族自治县
	清浪卫	贵州省清溪镇
	镇远卫	贵州省镇远县
	偏桥卫	贵州省施秉县
	兴隆卫	贵州省黄平县
	清平卫	香炉山
	平越卫	贵州省福泉市
	新添卫	贵州省贵定县
	龙里卫	贵州省龙里县
	贵州卫	贵州省贵阳市
	贵州前卫	贵州省贵阳市
	敷勇卫	贵州省清镇市
	威清卫	贵州省清镇市
	镇西卫	贵州省清镇市
	平坝卫	贵州省平坝区
	普定卫	贵州省安顺市
	安庄卫	贵州省镇宁县
	安南卫（尾洒卫）	贵州省晴隆县
	普安卫	贵州省盘州市
	铜鼓卫	贵州省锦屏县
	都匀卫	贵州省都匀市
	五开卫	贵州省黎平县
	古州卫	贵州省榕江县
	毕节卫（乌蒙卫）	贵州省毕节市
	层台卫	贵州省毕节市
	赤水卫	贵州省毕节市
	乌洒卫	贵州省威宁彝族回族自治县

省份（今）	"卫"名称	具体地点（今）
贵州省	赤水卫	贵州省赤水市
	威远卫	贵州省遵义市
云南省	平夷卫	云南省富源县
	曲靖卫	云南省曲靖市
	大理卫	云南省大理古城
	楚雄卫	云南省楚雄市
	云南左卫	云南省昆明市
	云南右卫	云南省昆明市
	云南前卫	云南省昆明市
	云南后卫	云南省昆明市
	临安卫	云南省建水县
	永昌卫	云南省保山寺庙
	澜沧卫	云南省永胜县
	腾冲卫	云南省腾冲市
	洱海卫	云南省祥云县
	蒙化卫	云南省巍山自治县
	广南卫	云南省广南县
	陆凉卫	云南省陆良县
	越州卫	云南省曲靖市越州镇
	马龙卫	云南省马龙县
	东川卫	云南省会泽县
	芒部卫	云南省镇雄县
四川省及重庆市	建昌卫	四川省西昌市
	会川卫	四川省会理县
	松州卫	四川省阿坝藏族羌族自治州
	成都左右中前后卫	四川省成都市
	宁川卫	四川省成都市
	叙南卫	四川省宜宾市
	茂州卫	四川省茂县
	利州卫	四川省广元市
	永宁卫	四川省叙永县
	重庆卫	重庆市

（资料来源：根据唐莉、许鑫、杨志强等学者相关研究成果整理）

1.1.3 西南屯堡的形成

伴随着卫所制度，入滇大军沿湖广至安顺通道入滇之际，即开始"沿途设堡"[9]。之后的数十年又陆续调派来自江淮及江南等地的汉族军士进入云贵地区，沿着横贯云贵高原的湘黔滇古驿道次第布防。明洪武十九年至二十一年（1386~1388年），明朝就组织了10余次向云南的大规模增兵活动，前后移入云南的官兵达27万人，加上从军眷属，共有80余万人。[10]此后若干年持续将大量汉族人民以军屯、民屯、商屯的形式移民西南。

明朝以前的西南地区作为一个地形破碎的偏远之地，如贵州"处在荆楚、巴蜀、两粤以及滇文化圈的边缘"[11]，以当地原生民族为主。屯堡移民从根本上改变了西南地区的民族结构和分布，西南地域以东西横贯的驿道做"通道"依托，民族分布格局发生了重组，"汉族移民贯穿'通道'线性分布，实现资源的线性整合"[12]。"由于有军事移民相关的家属同守同聚、寓兵于农、聚居等许多特点，使得卫所驻地形成独具特色的文化地理单元"[13]。明朝中后期卫所制逐渐废除，清朝时期军屯逐渐演变为普通聚落[14]。转为普通的民屯和商屯，其整体空间格局中依旧隐含着丰富的历史遗存和古代汉族文化信息。随着社会经济、适应地域及与周边民族交流交融发生局部演变，"其空间特征反映了明清时期聚落规划的思想，是军事防御、明清汉族文化在喀斯特地域日渐演进融合的结果，最终形成了特征突出的聚落类型"[15]。

1.1.4 西南屯堡研究对象界定

本书中的西南屯堡聚落，泛指在明代卫所制背景下形成的千户所、百户所、屯（含军屯、民屯、商屯）、堡、哨、铺等基层汉族聚落。其主要居住者为明代"调北征南"汉族军士及其后裔与"调北填南"汉族移民。

1.2 交通线与西南屯堡的分布

明代卫所屯堡的分布类型大致可归纳为三种类型：华北地区和西北地区的卫所屯堡更多为"重镇型"，主要为戍守边疆防范外部威胁；"海岸型"主要设置在沿海地区防范倭寇；陕西行都司、贵州都司、四川行都司、四川都司西部以及云南都司东部的卫所俱呈"交通型"分布，即分布在交通要道上，与北方卫所不同的是，它们的防御对象主要来自辖区内部或四周。[16]尽管卫所分布会统筹考虑地理、交通、防御区域等因素，但相较而言，西南地区由于山地层峦叠嶂联系不便，且其防御主要是为了平定内乱、稳固地区安定，该区域卫所屯堡布局更强调交通联系。因此，要了解西南屯堡的分布情况，必须先梳理明代西南地区的重要交通线。

1.2.1 湖广入滇"东路"古驿道

在古代连接中原与西南边陲最重要的交通命脉为湖广入滇官道，该驿道开辟于元代，东起今湖南沅陵，西达昆明，是连接汉族地区与西南的一条官修驿道，这条驿道是由元至清维系西南与中原之间政治、经济及文化联系的大动脉，在历史文献中亦称为湖广入滇之"东路"，又因其犹如一条孤线深入西南云贵地区，故历史文献中又以"一线路"称之，也作"普安道"，学界又称其为"湘黔滇驿道"。有学者界定"湘黔滇驿道"特指元、明、清三代东起辰州沅陵，西达中庆昆明的一条官修驿道，并梳理明末"湘黔滇驿道"的主要路线：东起于今湖南省怀化市沅陵县南，向西经怀化市辰溪县、中方县、芷江县等地至今贵州省东部玉屏、镇远，然后行陆路从贵州省自西向东过施秉、黄平、凯里、福泉、贵定、龙里、贵阳、清镇、平坝、安顺、普定、镇宁、关岭、晴隆、普安、盘州、盘县，再经由云南富源、曲靖等地，最后至昆明。[17]

1.2.2 古驿道"走廊"研究

在对前述历史文献中"东路""一线路""湘黔滇驿道"研究的基础上，学者杨志强、赵旭东、曹端波等进一步将该交通线研究向文化性走廊研究推进，2012年首次提出"走廊"概念，认为古称的"东路""一线路"（即前述"湘黔滇驿道"）不仅是维系汉族地区与西南边陲往来的主要交通命脉，也直接影响了明清时期西南边疆地区政治版图的变化，探讨了这条走廊对贵州省的建省、明清时代"苗疆"地区的"国家化"过程以及民族关系等所带来的影响[18-20]。依托"国家走廊"自上而下地开展"国家化"整合过程，其地域及族群文化多样性的形成与宏大的"国家叙事"间有着内在因果关联[21]；并在后续研究中明确该走廊主要是指元、明、清时期中原王朝在云贵高原上建设的连接湖广与云南交通的"官道"体系：主线为连接湖广与云南的主通道"普安道"，线路走向为从湖广常德沿注入洞庭湖的沅江水路两路上溯至贵州省镇远，然后穿越贵州的施秉（偏桥）、黄平（兴隆）、凯里（清平）、贵定（新添）、贵阳（贵州）、安顺（普安）、晴隆（安南）等地入云南经富源（平夷）、曲靖等地至昆明；另一条是"普安道"的支线，从四川泸州经贵州西部赤水、毕节、威宁（乌撒）至云南沾益、曲靖再至昆明的"乌撒道"（明称"入滇西路"），以及贵州原有的川黔古道、黔桂古道以及明代修建的"奢香九驿"道等均成为"走廊"的组成部分。[22]这一概念从地域及社会空间整体视野角度出发，关注西南这一特定的交通线路为中心形成的线性地域空间。在该概念提出后的十几年受到各学科关注，从多学科角度探讨走廊内社会与自然生态间的关系、各族群文化间的共生及相互影响等。

1.2.3　湘黔滇驿道"走廊"与西南屯堡分布

以明代地图为底图，对应表1-1-1中设卫地区，绘制明代西南卫所屯堡分布示意图（图1-2-1）。

从图1-2-1可见，明代在西南设置的卫所中，除原属湖广的五开及铜鼓卫外，其余均沿驿道分布，尤其集中分布在走廊自西向东进入云南的入滇驿道沿线。相关研究显示，贵州省42.9%的军事聚落分布于主要驿道5km内的区域、29.3%的军事聚落分布于主要驿道5~15km内的区域、27.8%的军事聚落分布于主要驿道20km外的区域[23]，反映出西南卫所屯堡分布区域与前述驿道走廊区域高度重合，局部再穿插深入周边腹地。该布局与前述"交通型"卫所特点吻合，宏观上沿主要驿道线性布局的卫所屯堡空间最大限度地保证了在西南山区军事扼控、传递军情、调拨物资、相互守望及支援的需求。

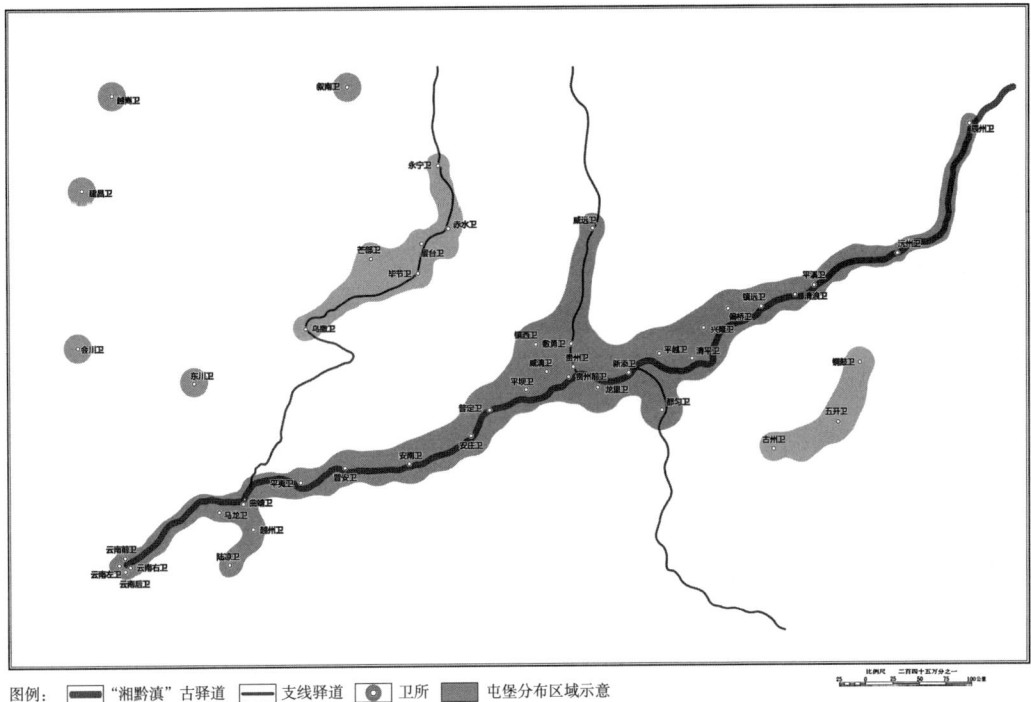

图例：████ "湘黔滇"古驿道　──── 支线驿道　◉ 卫所　▓▓ 屯堡分布区域示意

比例尺　二百四十五万分之一

图1-2-1　明代西南地区卫所屯堡分布
（来源：课题组自绘）

同时，这些卫所屯堡虽大多沿驿道线性区域设置，但在分布密度上并不均衡。从图中可见，以湘黔滇驿道走廊中段，即偏桥卫（今施秉）—安庄卫（今镇宁）之间分布最为密集，该区域拥有较多峰林盆地，即山地坝子，适合屯垦，且靠近贵州的行政中心贵阳府，军事护卫和屯垦的需求使该区间卫所屯堡聚落最为密集；进入云南的驿道走廊西段，在安庄卫继续往西，尤其是过了关岭所以后，安南卫、普安卫、平夷卫等位于云贵高原向黔中地区过渡的斜坡区域，地域内多山崎岖，不适宜耕种，因此该区域屯堡聚落密度降低，较为零散，由曲靖卫进入昆明后，因云南府（昆明）的守卫原因，卫所屯堡数量又逐渐增加。而驿道走廊东段为湖广（今湖南及广西）进入黔滇的开始路段，其地区开发较早，商业发达，沿途聚落商贸特点较军事扼控及布防需求更突出，因此该段军事卫所屯堡聚落密度较中段降低。

总体而言，西南地区的卫所屯堡空间分布格局与驿道紧密相关，为保证自湖广经黔入滇这条西南安全生命线的畅通，卫所屯堡的布局与湘黔滇驿道高度重合，其分布具有突出的线性区域走廊特点。因此，本书中将"湘黔滇驿道"为中心形成的线性地域空间视作整体区域单元进行研究，从地域及社会空间整体视野出发，采用"湘黔滇驿道走廊"作为接下来研究的空间区域背景。在接下来的写作中，不再用史籍中"一线路""东路""普安道""入滇官道"等概念。

1.3 西南屯堡的社会人文特点

1.3.1 屯堡移民概况

明代以前，西南地区以本地民族为主。明代开始，随着调北征南带来大规模的汉族移民，迁入西南地区进行屯田垦殖。《明史·兵志》记载："其取兵，有从征，有归附，有谪发。从征者，诸将所部兵，既定其地，因以留戍。归附，则胜国及僭伪诸降卒。谪发，以罪迁隶为兵者。其军皆世籍。"[24] 据李昌礼收集梳理了30份屯堡人家谱，汪氏、萧氏、顾氏、鲍氏、梅氏、于氏等家谱均记载其入黔始祖是明代洪武年间"调北征南"而来的汉族。[25]《安平县志》记载："屯堡者，屯军居住之地名也""屯堡人即明代屯军之裔也""屯军堡子皆奉洪武敕调北征南而来，散处屯堡各乡，家人随之至黔"。《安顺府志》中也有记载："汉族迁徙来最早者，为明洪武初年征南屯田戍边之军队"。明朝中后期卫所制逐渐废弛，不少军士逃离屯堡；到清朝时期，军屯逐渐演变为普通聚落，演变过程中不断吸引着新的移民迁入，其主要居民为屯军后裔及后续"调北填南"而来的汉族移民。"明代初期，募盐商于各边开中，谓之商屯"上述政策背景下迁至西南的民户、匠户、盐商等形成民屯与商屯[26]。屯堡聚落汉族移民包括官方移民：如明代后期和清代的"调北平南""调北填南"而来的人口；清朝"移民就宽乡"由政策引导进行西部大开发的移民；民间移民如实行"开中法"后流入的商人，投奔屯堡宗亲的亲戚，遇天灾人祸进入西南地区求生的流民，以及充军流放的人等。《明史·食货志》记载："其制，移民就宽乡，或招募或罪徒者为民屯，皆领之有司，而军屯则领之卫所"。这些移民或进入原有屯堡，或在原有军屯附近形成商屯、民屯。云南如清末吕志伊、李根源辑《滇粹》中言，明初镇守云南总兵官沐英在明洪武二十二年（1389年）冬入朝还镇时，"携江南、江西人民二百五十余万入滇"而安置于省内各府，次年又奏请"移湖广、江南居民八十万实滇"[27]，民国时期的《续修安顺府志》记载，明洪武时期"徙江南巨族号称二十万人入云贵两省，是为今日云贵两省诸氏族之始祖"等[28]。上述文献虽人口数据较难考证，但反映了西南地区屯堡移民的主要来源。蓝勇（1996）在《明清时期云贵汉族移民的时间和地理特征》一文中统计云贵地区移民会馆构成，结合有关地方志、族谱和墓志铭后，总结"云贵地区汉族移民主要是基于明朝时期的戍军、屯田和经商而来，这些军屯和民屯移民以江南籍和江西籍移民为主体……主要分布在交通沿线和黔中、滇中、滇南和滇西南地区，具体讲明代以江南籍和江西籍为主体，清代则是以江西籍、江南籍、湖广籍、四川籍为主体"。综上，这些移民虽然在时间轴线上来源不同，但多来源于史称广义的江南江淮及江西一带的汉族（今江苏、浙江、江西、安徽、湖南），沿湘黔滇古驿道进入西南地区，形成汉族重要移民聚落类型，推动了"中华民族多元一体格局"的形成。

1.3.2　屯堡社会组织结构

明代初期，屯堡社会是屯田制初创兴盛阶段，在此阶段的社会组织结构主要是自上而下的军队建制管理制度。屯堡军人是娶妻生子世袭制，这也为屯堡后期逐渐由军事制度管理向宗族管理奠定了基础。明中后期，屯军逐渐逃散，军屯日渐溃散而形同虚设。而由"移民至宽乡"及"募盐商开中"等形成的商屯、民屯以及军屯逐渐演化为普通村落，其内部社会组织结构则和其他传统聚落一样，有较明显的血缘与地缘特征。而对其内部社会组织结构特点，过去多认为屯堡聚落是以血缘关系为构成基础，其社会管理机制是宗族制度，宗亲、族长是社会组织的核心，反映在屯堡村落的名称中，以姓氏命名；认为屯堡"有着严密的宗族关系"[29]；而一些学者的研究则提出屯堡社会中从发生学意义上来看，非宗族特点对其社会结构产生了深刻影响"屯堡社区的社会结构不是单纯以血缘或地缘为基础，而是发生学意义上的地缘关系与后来族群内通婚形成的准血缘关系二者结合的产物"[12]，研究认为生存的自然环境的贫困和军户世袭制、不同地区移民对家族繁衍的排斥以及社会动荡等，导致屯堡社会难以孕育出如其母源地富庶的豪族世家，反而被小型的核心家族取代，核心家庭围绕地缘性众多功能各异的民间组织构建了以社区为整体的组织结构。王海宁从屯堡血缘宗族、军制遗存等角度的研究认为"屯堡中宗族力量相对较弱，而社区凝聚力较强……卫所屯田制的深远影响是屯堡社区成为地缘型聚落的根本原因"[30]。通过前人的研究和实地调查，我们认为屯堡聚落的传统社会组织结构很难简单地归结为血缘型或地缘型聚落，不同的屯堡聚落因其宗族繁衍情况不同而呈现出较为复杂的差异性。部分屯堡聚落虽以姓氏命名，但只代表着最初进入屯堡的大姓，后期经历史变迁，姓氏构成已发生了改变。我们将屯堡社会组织结构划分为血缘型—宗族制结构、血缘兼地缘型—多宗族社区型结构[31]：

1．血缘型—宗族制结构

血缘型—宗族制结构是指屯堡聚落内同宗同族间以"血脉崇拜"为主体，以宗族感召力为核心的宗族制结构体系。这类屯堡从建立村寨之初即定居于此，其家族虽历经时代更迭，却幸运地未经大的创伤得以繁衍至今，表现为村寨内绝大部分居民为同族同宗的亲缘关系，在这样的聚落内，传统的"血脉崇拜"衍化为宗族强大的感召力，宗亲、族长是社会组织的核心。宗族权威（家族会）及公认的乡规民约是这类屯堡组织的依据，但这样的屯堡聚落只占很少的部分。

2．血缘兼地缘型—多宗族社区型结构

血缘兼地缘型—多宗族社区型结构是指聚落常以最初军屯"忠义"为纽带的非宗族性社会组织结构。屯堡移民最初是军事移民，一支部队含有多种姓氏屯田定居也就在情理之中，其中一些大的家族各有宗祠，解决各自家族内部的各项事宜。如马官屯，据说调北征南而来就有十几个姓氏；詹屯建屯时有24个姓氏，后期又历经变化。"保留了军士的成分（如九溪的张姓、宋姓、汪姓等）……王姓、黎姓、袁姓、何姓等，其始祖皆是明初'调北填南'而来，刘姓、徐姓又是在清嘉庆年间以经商的方式迁入的"[32]。大多数屯堡呈现出杂居的多元格局，在这样的屯堡聚落社会中，宗族势力单薄，各种地缘性的民间组织共同构建以社区为单位的组织结构。临时架构的团体组织了屯堡聚落内和聚落间的宗教、民俗、娱乐活动，一定程度上也会影响聚落营建的规范与秩序。

1.3.3　屯堡文化习俗

1．尊崇儒家礼仪秩序

屯堡移民将汉族的文化信仰带到西南地区，儒家文化是其文化的核心，尊崇忠、孝、仁、义、礼、智、信的儒家礼仪秩序，重视诗书礼仪、教育教化，讲究尊卑、长幼和男女之别。"天、地、君、亲、师"的文化信仰构建了屯堡居民的精神秩序，"天、

地"是人与自然的关系，"君、亲、师"是人与人的关系，"君"代表政治体系、"亲"是血缘关系、"师"代表文化传统。"天、地、君、亲、师"体现的是儒教民众对于天地的感恩、对国家的忠诚、对逝去祖先的报答和对师长的尊重，其本质是儒家学派所倡导的礼仪秩序。"家国同构"的社会特征，使人伦道德与居住空间分配实现了大一统；从居住上实现了"仁"与"礼"的合一或"知行合一"[33]。

2. 追求"天人合一"

汉族传统聚落选址常追求"以山水为血脉，以草木为毛发，以烟云为神采"的气、形及景观美学统一的理想境界，将聚落选址与周边山体、水系、田坝等环境相结合，实现人与自然合一。[34]人居环境通过各种要素的选择以达到人与自然的和谐统一，体现"天人合一"的思想。聚落选址讲究风水，地形、水源和方位讲究靠山却不近山，视野开阔，水源方便，临水但不傍水，"负阴抱阳，藏风聚气"。

3. 多元信仰与民俗

屯堡居民主体为汉族移民，其信仰体系丰富，较多元化。表现在屯堡聚落中有供奉如来、观音、玉皇、孔圣、财神、关公、山圣、土地神的各种大大小小庙宇……还有来自母源地的地方神，如江南一带的汪公庙、江西一带的五显庙等。屯堡移民的节日除汉族大大小小的常规节日，如春节、清明节、端午节、中元节（七月半）、中秋节、重阳节等以外，还有许多与其多神崇拜相关的节日和活动。戏曲方面也丰富多样，有军屯独有的地方戏，用来追忆祖先的伟业，加强内部的凝聚力及获得感情上的慰藉和快乐需要的精神活动[35]，也有汉族常见的京剧、花灯等戏曲。

1.3.4 屯堡生产方式

屯堡汉族移民携家属在西南地区的屯田戍守，带来了先进的生产技术，促进了地区的社会经济发展，成为"中华民族多元一体格局"的重要组成部分。屯堡聚落在演进中形成农业、商业和手工业并存的复合产业结构。

1. 农业

屯军屯田制度决定了屯堡移民务农的身份，且这些移民主要来自江南等生产力发达地区，他们带来了先进的耕作技术和丰富的植物种类，有水稻、高粱、小麦、小米、豆类、茶叶、油菜等。除农田耕作外，屯堡移民还擅长兴建堰、塘、渠等水利设施，保证灌溉。

2．商业

部分屯堡聚落发展出规模较大的市集，而这些集市均位于交通线附近，并且有着较为充裕的空间，成为周边村寨商贸交易的中心地带，农商并重。

3．手工业

屯堡移民中，有一部分本身就是工匠出身，手工业者包括专门的木匠、石匠、铁匠、皮匠、阄匠、银匠、补锅匠、剃头匠、篾匠、裁缝、窑匠、泥瓦匠等；作坊则包括榨油坊、碾米坊、粉条坊、制糖坊、豆腐坊、酒坊、染坊、布庄等。

1.4 研究采用的理论与研究方法

1.4.1 空间及景观中的"基因"研究

"基因"的研究首先是在生物学领域，牛津大学著名的动物学家及生态学家理查德·道金斯（Richard Dawkins）在他的著作《自私的基因》（*The Selfish Gene*）一书中提出"模因"这个概念，将其定义为"文化传播和模仿的单位"，用来说明并描述人类文化的传播规律。随着城市形态类型学、城市空间发展论，国内外相关研究将生物基因跨学科引入空间研究领域。生物基因既是生物演化过程中自然选择的结果，又储存着生命的孕育、生长、凋亡等过程的全部信息，可以通过复制精确而稳定地实现生物学性遗传，空间的形成和表达与生物基因具有一致的逻辑性。21世纪开始，国内基因理论开始进入空间形态类型学研究领域，学者们旨在借用基因的逻辑去解读空间形态特征以及现象背后的逻辑机制。相关研究主要集中在三个领域：

1．建筑学领域关于建筑营建体系基因论的研究

王竹等以"地域基因"概念及方法作为地区建筑营建体系的研究途径，揭示了地区建筑生成和发展的内在调控机制[36]；常青提出了以民族、民系语族—语支（方言）为背景的风土建筑谱系划分方法，并尝试从聚落形态、宅院类型、构架特征、装饰技艺和营造禁忌五个方面，探究各谱系分类的基质特征和分布规律[37]。

2．人文地理领域关于景观基因的研究

相关学者自21世纪初便开始了对景观基因的研究，形成了较为完善的景观基因识别提取

的理论体系[38-42];翟文燕等采用地域“景观基因”的理念,获取古城西安的文化空间认知结构[43];黄晴诗[44]、陈秋渝[45]、杨晓俊[46]、黄华达[47]、陈晓刚[48]等基于景观基因理论,构建基因识别提取方法,对不同区域聚落的景观基因进行了研究。

3．城乡规划领域关于基因的相关研究

城乡规划学科领域关于“基因”的探索主要包括文化基因与空间形态两类。在空间形态基因的研究中,苑思楠将空间形态基因研究运用于传统城镇街道体系中并建构街道空间形态量化框架体系[49];牛泽文等将城市形态基因理论运用于古城形态基因图谱建构,拟解决城市文化特质缺失等问题[50];赵万民等从形态基因运用于山地历史城镇图谱建构,提出“三态融合”的形态基因保护与更新方法[51]。在文化基因的应用中,乌再荣等基于“文化”基因,对古城的文化基因进行解析与提取[52];刘博以文化基因为视角对城市文化进行梳理总结[53];刘辉龙从“建筑文化基因”出发,梳理并解析寿县历史公共空间的文化内涵[54];郭谌达等从文化基因的视角分析“典型人居”与“典型城市人”的匹配[55];牛雄等提出了整体视角下的空间构图、阴阳变化哲学、尚中求变思想的中国城市文化基因[56]。除了从城市角度出发外,部分学者从乡村及民族角度出发,如邹伦斌利用文化基因对黔东南侗族乡岜扒村聚落空间形态进行解析[57];陈满妮等以多民族文化基因的融合为研究对象,探讨多元民族文化基因的组合方式[58]。

1.4.2 “空间基因”概念及理论

“空间基因”脱胎于生物遗传性状中的“基因”概念,段进院士团队(2019)借鉴生物基因学的概念,从城市空间发展理论和发展视角出发探究城市空间形态的演变规律及组织逻辑,提出空间基因的概念。其内涵是指城市空间与自然环境、历史文化的互动中,形成的一些独特的、相对稳定的空间组合模式,它既是城市空间与自然环境、历史文化长期互动契合与演化的产物,承载着不同地域基本的信息,还控制和引导着物质空间的形成和发展[59];黄宗胜(2020)提出空间基因是指空间先天遗传与后天所得的关于自然、社会、艺术的内在规律或原理的遗传信息的最小单位,是空间性状传承的最小信息单元[60];段进等(2022)对空间基因的内涵与作用机制进行了进一步扩充和解释,提出空间基因通过“变异”与“选择”,生成空间基因这一地域性空间组合模式,从而决定城市空间的某些性状,然后通过“编码”“复制”与“表达”,实现城市空间文脉的传承[61]。近几年,空间基因的相关研究日渐得到关注,在城市设计在地性实践[62, 63]、历史街区保护[64]、传统聚落研究及空间保护与传承[65, 66]中得到应用。部分学者依据传统村落的特定文化景观及历史信息,认为空间基因理论也同样适用于传统村落,并通过空间基因研究传统村落空间内在规律[67-70]。

目前，国内对于空间基因的研究技术没有统一的模式，但结合近年来相关文献不难看出现有研究多是以形态学为基础，深入对要素间组合关系的研究，空间基因研究最本质的目的在于对研究对象的形态本源进行深入剖析，这种本源既包括空间形态的规律，还包括文化、社会层面的演变逻辑与规则。因此，本书主要借助空间基因理论与逻辑，识别与提取西南屯堡空间基因，研究其深层的形成规律与规则，通过空间基因对西南屯堡聚落空间进行解析。

1.4.3 空间量化研究方法

研究运用聚落边界形态指数、空间句法、建筑测绘与制图、空间分维值量化方法、建筑贴线率、街巷界面密度、建筑密度、庭院空间率、形态类型归类等定性与定量相结合的研究方法，研究聚落空间要素特点及组构规则，解析空间。

1. 聚落边界形态指数

学界对聚落边界形态特征有着不同的分类方法，如道萨迪亚斯在"人类聚居学"中认为，聚落边界形态可分为圆形、规则线形和不规则线形[71]；阿·德芒戎则把聚落分为线状、团状和星状三种边界形状的聚集型聚落；管彦波则将西南民族聚落分为聚集型和散漫型两种聚落类型，其中聚集型聚落又细分为团状、环状、条带状等不同边界形态[72]。研究为规避因视觉观察判断所引起的主观性问题，借助了浦欣成提出的聚落边界形状指数分析方法（公式1-4-1）对若干样本聚落的边界形态进行数理分析[73]。

$$S = \frac{P}{(1.5\lambda - \sqrt{\lambda} + 1.5)}\sqrt{\frac{\lambda}{A\pi}} \qquad （公式1-4-1）$$

该方法设定了边界的绘制方法，并根据聚落边界长轴与短轴的比值λ区分带状、团状特征主控的聚落边界特征。临界值为2，大于2则以带状为主控，小于2即以团状为主控特征。然后，提出了由周长、面积，长宽比构成的形状指数公式（公式1-4-1），S指聚落边界形状指数，P为聚落边界周长，A为面积，λ为长宽比。将聚落形态进一步细化为团状倾向的指状聚落、无明确倾向的指状聚落、带状倾向的指状聚落、团状聚落、带状倾向的团状聚落、带状聚落（表1-4-1）。

基于λ与形状指数S值的聚落边界形态分类　　　　表1-4-1

S值	λ值	聚落类型
S≥2	λ<1.5	团状倾向的指状聚落
	1.5≤λ<2	无明确倾向的指状聚落
	λ≥2	带状倾向的指状聚落

S值	λ值	聚落类型
S＜2	λ＜1.5	团状聚落
	1.5≤λ＜2	带状倾向的团状聚落
	λ≥2	带状聚落

（来源：根据浦欣成《传统乡村聚落平面形态的量化方法研究》整理）

2．空间句法

研究利用空间句法的连接值、集成度和可理解度解析线性空间的渗透性、可达性与还原性。空间句法是一种通过对包括建筑、聚落、城市甚至景观在内的人居空间结构的量化描述，来研究空间组织与人类社会之间关系的理论和方法。空间句法规定用最少且最长的轴线去覆盖整合系统，并且穿越每个节点空间，之后把每条轴线视为一个节点，根据轴线的表示和交接关系，可以将其转化为图示语言，并计算和分析句法变量，最后用不同颜色的轴线代表各轴线变量的高低。[74]

本书首先按照空间句法"最少且最长的轴线"原则，将样本村落所有道路空间在CAD中转译为轴线地图，然后导入空间句法软件（Dcpthmap），运用轴线分析进行计算，得到相对应的连接值、集成度和可理解度均值以及图像。连接值是系统中与某一个节点直接相连的节点个数k，连接值越高，则表示此节点与周围空间联系越密切，空间渗透性越好；集成度表示系统中某个空间与其他空间之间的集聚或离散程度，集成度值越大，表示该空间在系统中越容易到达；反之，空间越难以到达。集成度分整体集成度和局部集成度（本书中为R3），整体集成度表达的是一个空间与其他所有空间的关系，局部集成度则是一个空间与其他几步（本书设定为3步）之间空间的关系；可理解度描述局部变量与整体变量之间的相关度，可理解度越高，局部空间还原成整体空间的可能性越高。

3．建筑密度及区间划分

聚落的结构性与建筑密度有一定的关系，建筑密度是聚落结构的一个重要体现指标，它是指建筑基底总面积与建筑用地总面积的比值（公式1-4-2）。浦欣成对若干传统聚落的建筑密度进行计算并运用SPASS进行统计分析，将建筑密度低于22.3%的划定为低密度区间，在22.3%～40%范围内的定义为中密度区间，高于40%的定义为高密度区间。本书中的建筑占地面积、用地总面积均为堡寨墙区域或划定的核心区面积。

$$BD = M/S \qquad （公式1-4-2）$$

式中：BD为建筑密度，M为建筑基底总面积，S为建筑用地总面积。

4．基于分形理论的公共空间分维值

在传统乡村聚落中，建筑单体之间的相似化程度较高，而在建筑群体布局的空间结构形态上，从建筑单体到庭院组合，再到局部街巷，乃至最后的整体聚落，其内外虚实的内孔隙化形态构成的各层级之间具有某种相似性。此外，聚落公共空间的平面图斑也呈现出复杂且破碎的几何形态，因而为更精确地反映聚落的结构化程度，本书研究中借助了面积—周长关系法（Area-Perimeter Relation）（公式1-4-3）[75]，以30m为最大长度绘制村落边界，并将向外移2.5m后所得的范围作为研究对象，除去建筑单体及其院落等的部分，其余空间均被视为聚落的公共空间，即：

$$D = 2\lg\left(\frac{P}{4}\right)/\lg(A) \qquad （公式1-4-3）$$

式中：D为公共空间分维值，A为斑块面积，P为斑块周长（内周长+外周长）。

在对若干聚落公共空间图斑分维值进行计算并运用SPSS统计软件分析后，浦欣成对其划分为三个区间：0～1.3794为低分维值区间，1.3795～1.5064为中分维值区间，高于1.5064则为高分维值区间，并分别对应弱结构、中结构及强结构的聚落。

5．庭院空间率

庭院空间率的数值高低会直接地反映出某组聚落单体中是否含有庭院以及其庭院规模、数量的多少，其中庭院空间率数值在0.1705～0.4689区间的为中庭院率数据区间；0～0.1704区间的为低庭院率数据区间；0.4689以上的定义为高庭院空间率区间（公式1-4-4）。

$$G = S_c/(S_c + S_a) \qquad （公式1-4-4）$$

式中：其中G表示庭院空间率，S_c表示庭院空间面积之和，S_a表示建筑单体面积之和。

6．建筑贴线率

街道墙这一概念最早由美国建筑师约翰威廉·阿特金森提出，是指街道两旁临街建筑形成的界面，是对街道连续界面形态的规划控制方法[76]。在《深圳市罗湖区分区规划 1998-2010》的规划导则及条例中加入了"建筑贴线率"这一专有词汇，用以描述街道界面在水平维度上的凹凸变化程度。由于"建筑贴线率"引入较晚且其界定概念并没有权威的规范细则对其加以区分。因此，在全国各地的法规、案例和文献上对于"建筑贴线率"参数算法上形式多样。许多"建筑贴线率"的计算方法是基于现代街道而制定的，然而本书中的样本均为自然生长的传统聚落，其街巷本身与城市现代街道不同，并无所谓的红线、控制线的要求。因此，为保证本书中聚落街巷空间量化数据的准确性，

研究选取计算方法为街巷两侧紧邻街巷临界线的界面面宽与所有界面面宽投影总和的比率为主要计算方式（公式1-4-5）[77]，主要反映建筑界面的平整性，其中街巷临界线为多数建筑界面限定的街巷走向。

$$建筑贴线率 = \left(\frac{紧邻街巷临界线总长度}{界面面宽投影总长度}\right) \times 100\% \qquad （公式1-4-5）$$

7．街巷界面密度

街巷界面密度是研究街巷界面在水平维度上密集程度的量化参数，它反映的是建筑界面围合对街巷空间形成的重要作用。因此，街巷界面密度不仅可以作为决定街巷界面围合街道空间形成的标准，也可以有效地对街巷空间水平连续性或者密集程度进行客观描述。其计算方法为街道一侧建筑物沿街道投影面宽与该段街道的长度之比（公式1-4-6）[78]。一般来说，街巷界面密度越大，沿街建筑物布置越密集。在《度尺构型——对街道空间尺度的研究》一文中研究表明，当街巷界面密度在60%～80%时，街道的纵向围合感较为强烈，但仍比较开敞；而当街巷界面密度高于80%时，街道空间相对显得完整且封闭。

$$De = \sum_{i=1}^{n} W_i / L \times 100\% \qquad （公式1-4-6）$$

式中：W_i 为第 i 段建筑物沿街街道的投影面宽，L 为街道长度。

8．宽高比

芦原义信在《街道的美学》中用了大量的篇幅论述街道空间的构成要素，详细分析了组成街道的各个部分（街道的边界——建筑、街道的类型、D/H、广场的构成原则、阴角空间、室外雕塑等附属物），并明确提出了街道的宽高比（D/H）参数，用以表征街道界面在垂直维度上的形态特征，并取得了相关研究成果。D/H 小于1则空间体验较为封闭，1～2之间空间尺度宜人，大于3以上就失去尺度感变得空旷[79]。此后，宽高比（D/H）参数成为评价街巷垂直维度客观形态特征的重要标准。

1.4.4 其他研究方法

1．文献研究法

对研究区地方志、族谱、碑文等文献资料进行收集整理，以及对历史学、地理学、民族学相关文献进行研究，着重了解研究区的历史人文、地理环境、经济发展、社会人文等基本情况，分析这些要素对地方空间基因造成的影响。

2．田野调查与现场踏勘

田野调查与现场踏勘是获取本书研究一手资料的主要方法。通过广泛走访西南地区屯堡聚落，实地踏勘调研，运用航拍、摄影、测绘、访谈等方式获取样本聚落在自然山水环境、聚落整体布局、聚落街巷空间、聚落街坊空间、聚落院落空间、聚落标志性空间形态的基础资料，并与当地居民进行深入访谈，了解文化交流传播、族源、移民等情况。

3．比较研究

结合样本对西南屯堡聚落空间基因及母源地传统聚落空间基因进行比较研究，对西南屯堡样本聚落与周边其他民族聚落空间特征因子进行比对分析。通过比较研究探寻西南屯堡聚落空间基因的传承与演变、交融与衍化现象并分析其动力机制。

1.5 屯堡空间基因识别与研究技术路线

对聚落空间基因的研究通常含有两个层面：一是形态解构，阐明聚落空间的形态特征"是什么"，是面向其聚落物质空间形态的描述性研究；二是逻辑解构，关注的是"为什么"，探究的是影响聚落空间基因背后的生成逻辑及其文化内涵，即何种影响要素致使其生成且发生空间基因的遗传或变异现象。目前国内对于空间基因的研究技术路线并没有统一模式，本书基于空间基因理论，参考中国城市规划学会《特色村镇空间基因传承与规划设计方法指南》[1]（讨论稿）的特色城镇空间基因识别方法，结合研究的具体对象，形成本书中西南屯堡空间基因识别技术路线。对空间基因的研究路径以形态学"描述—解释—导控"的思维为基础，融入组合规律的提取过程和"空间—自然—人文"三者互动的检验过程，对应具体研究内容拓展为"提取空间组构规则—提炼关键影响要素—空间基因特征解析与图谱建构"的思维逻辑贯穿全文，即将空间基因的识别提取分为四个步骤，具体包括认知地方特征、选取特色场景、解析特征因子和凝练空间基因与作用机制解析。其中，解析特征因子包括空间要素解析、组合规则解析。最后通过上述解析，总结凝练空间基因。结合研究的具体内容，绘制空间解析技术路线如下（图1-5-1）：

---

[1] 引自中国城市规划学会官方网站。

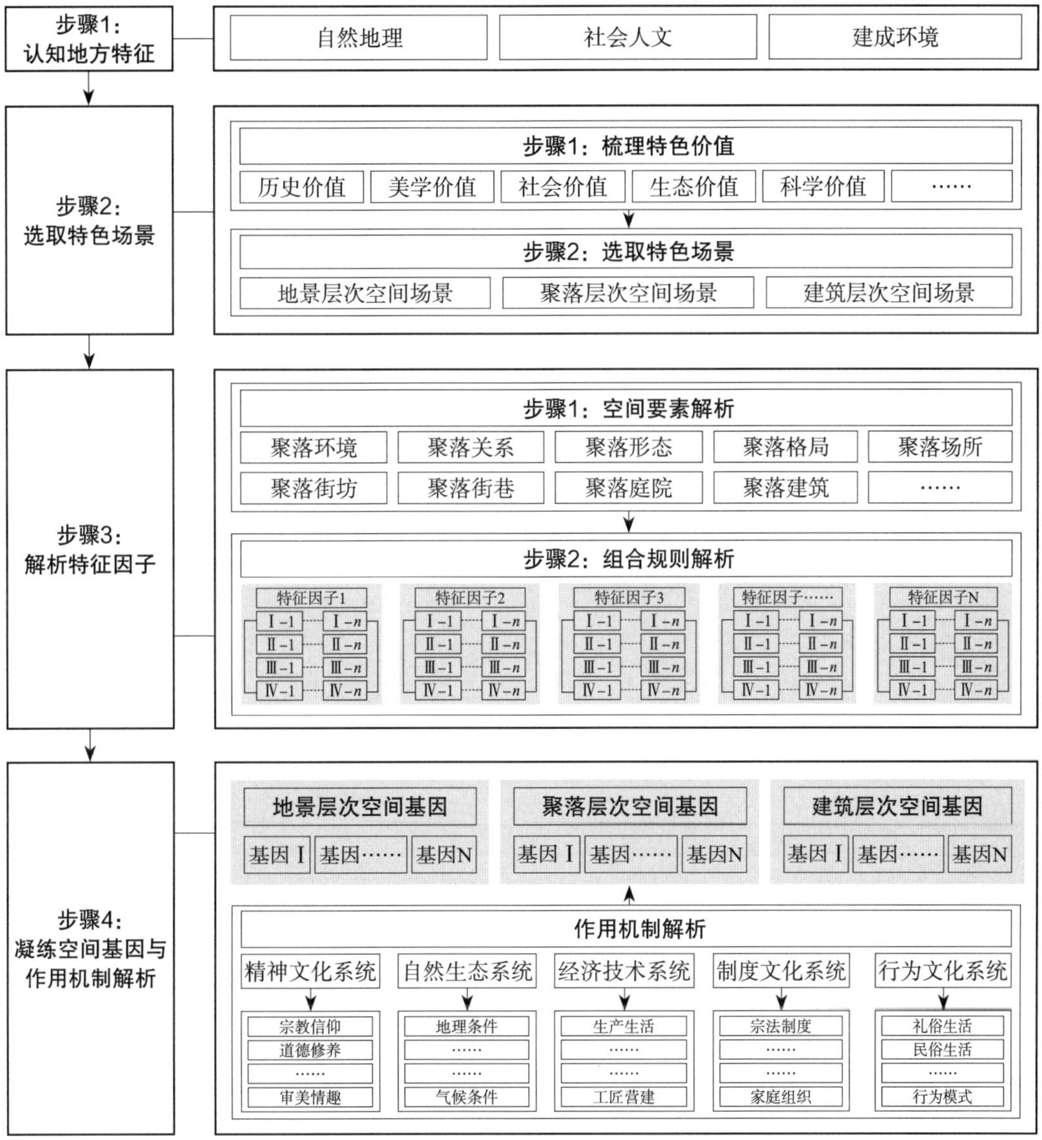

| 步骤1：
认知地方特征 | 自然地理 | 社会人文 | 建成环境 |

步骤2：选取特色场景

步骤1：梳理特色价值

| 历史价值 | 美学价值 | 社会价值 | 生态价值 | 科学价值 | …… |

步骤2：选取特色场景

| 地景层次空间场景 | 聚落层次空间场景 | 建筑层次空间场景 |

步骤3：解析特征因子

步骤1：空间要素解析

| 聚落环境 | 聚落关系 | 聚落形态 | 聚落格局 | 聚落场所 |
| 聚落街坊 | 聚落街巷 | 聚落庭院 | 聚落建筑 | …… |

步骤2：组合规则解析

特征因子1	特征因子2	特征因子3	特征因子……	特征因子N
Ⅰ-1 Ⅰ-n	Ⅰ-1 Ⅰ-n	Ⅰ-1 Ⅰ-n	Ⅰ-1 Ⅰ-n	Ⅰ-1 Ⅰ-n
Ⅱ-1 Ⅱ-n	Ⅱ-1 Ⅱ-n	Ⅱ-1 Ⅱ-n	Ⅱ-1 Ⅱ-n	Ⅱ-1 Ⅱ-n
Ⅲ-1 Ⅲ-n	Ⅲ-1 Ⅲ-n	Ⅲ-1 Ⅲ-n	Ⅲ-1 Ⅲ-n	Ⅲ-1 Ⅲ-n
Ⅳ-1 Ⅳ-n	Ⅳ-1 Ⅳ-n	Ⅳ-1 Ⅳ-n	Ⅳ-1 Ⅳ-n	Ⅳ-1 Ⅳ-n

步骤4：凝练空间基因与作用机制解析

| 地景层次空间基因 | 聚落层次空间基因 | 建筑层次空间基因 |
| 基因Ⅰ 基因…… 基因N | 基因Ⅰ 基因…… 基因N | 基因Ⅰ 基因…… 基因N |

作用机制解析

精神文化系统	自然生态系统	经济技术系统	制度文化系统	行为文化系统
宗教信仰	地理条件	生产生活	宗法制度	礼俗生活
道德修养	……	……	……	民俗生活
……	……	……	……	……
审美情趣	气候条件	工匠营建	家庭组织	行为模式

图1-5-1　聚落空间基因识别提取技术路径

第2章

湘黔滇驿道走廊中段屯堡聚落空间基因识别与解析

2.1 湘黔滇驿道走廊中段屯堡地域背景

2.1.1 走廊中段自然地理特征

湘黔滇驿道走廊中段是指偏桥卫（今施秉）—安庄卫（今镇宁）区段，地处喀斯特地貌山区，存在山坡陡峭、覆土层薄、地形破碎的特点。受地形破碎影响，喀斯特地貌山区内平整的土地非常稀少且地表水极易渗漏，调蓄功能极差，水资源时空分布不均。因此，可耕作的土地缺乏、生态敏感性高且自然灾害频发的喀斯特地貌特征共同制约着湘黔滇驿道走廊中段屯堡聚落的分布和规模，且影响着聚落选址及乡土田园的空间分布。

2.1.2 走廊中段社会人文特征

屯堡聚落在迁入湘黔滇驿道对应的贵州中部地区后，受地形破碎、交通闭塞等大环境影响，屯堡移民的共通之处被不断强化，互相融汇和长期的共同生活，除前文叙述的西南屯堡总体社会人文特点外，还有如下区域性文化特征：

1. 喀斯特文化

喀斯特文化由喀斯特原生文化（喀斯特原生文化主要包括史前时代的石器文化和奴隶制时期的夜郎文化）、喀斯特次生文化——多族群文化（各族群间在大杂居小聚居的环境条件下所形成的文化间的交融，使得各族群文化习俗得以延续）及喀斯特外来文化（自上而下的外来文化也因喀斯特封闭的环境而独立于本土各族群文化圈之外）三部分构成，它是屯堡族人利用与改造环境过程中所产生的结果，因此逐渐衍生出对自然的崇敬、对"儒释道"及多神主义的崇拜与信仰。

2. 抬汪公文化

屯堡人所独具的生活习俗是汪公崇拜。汪公，指汪华，隋末歙州歙县登源里（今属安徽绩溪）人，隋末天下大乱之际，汪华为保境安民，起兵统领了歙州、宣州、杭州、饶州、睦州、婺州六州，于乱世力保境内百姓平安，后率土归唐。乡人念其功德将其称为汪公并建庙祭拜，成为古徽州一带的地方神。移民至此的徽州汉族人也将此信仰传承下来，并成为屯堡社会中具体身份识别的一种依据。

3．佛事活动文化

屯堡社区存在着广泛的"佛事"活动，这里的佛事实际上是一种多神信仰活动的泛称，对屯堡妇女而言，参加各种佛事活动是人生的必修课。一年之中，正月上九会、二月观音会、三月蟠桃会、六月雷神会、七月中元会、十月牛王会、冬月太阳会、腊月祭灶等多种多样的佛事活动。

4．跳地戏文化

屯堡族人区别于其他族群的关键特征则是跳地戏，地戏俗称"跳神"，是屯堡族人用来追忆祖先的伟业，加强内部的凝聚力及获得感情上的慰藉和快乐需要的精神活动[35]，屯堡人常在每年的正月及七月谷子扬花时节跳地戏，前者是农闲时迎春纳吉，后者是农歇时庆五谷丰登。

2.2 湘黔滇驿道走廊中段特色样本聚落选取

选取证据较为可信且能反映明初湘黔滇驿道走廊中段屯堡原型的12个屯堡聚落，分别为鲍家屯、云山屯、本寨屯、天龙屯、吉昌屯、九溪村、周官村、詹屯、雷屯、猴场屯、蔡官屯、大屯。本书研究的空间范围以原有堡寨墙内部空间为准，即排除了各屯堡聚落外围在中华人民共和国成立后新建的现代新村部分（表2-2-1）。

走廊中段特色样本聚落选取 表2-2-1

村落名称	形成年代	公众认知度高	空间形制完整	历史建筑遗存丰富	明风明俗活态传承
鲍家屯	明代	●	●	●	●
云山屯	明代	●	●	●	●
本寨屯	明代	●	●	●	●
天龙屯	明代	●	●	●	●
吉昌屯	明代	●	●	●	●
九溪村	明代	●	●	●	●
周官村	明代	—	●	●	●
詹屯	明代	●	●	●	●
雷屯	明代	●	●	●	●
猴场屯	明代	●	●	●	●
蔡官屯	明代	—	●	●	●
大屯	明代	●	●	●	●

2.3 湘黔滇驿道走廊中段屯堡聚落环境特征因子

2.3.1 走廊中段聚落环境空间要素

屯堡聚落多选址于沃土良田、水系发达的峰林洼地（盆地）、峰丛洼地（盆地）中，即民间俗称的田间坝地中，少部分位于峰丛谷底或峰丛台地的位置，其聚落环境空间要素由山体、田坝、聚落、河流水系、古代水利工程等组成，如吉昌屯由屯军山、门前山及"五星拱月"的后头箐、团山、尖山、老柴山、大圆山环绕其中，且古水利工程邻聚落北端顺流而过；九溪村则坐落于詹家坡、王汪坡、毛栗坡三丘环抱的平坝之间，并面朝远处的姨妈坡、老青山，且宽百米的邢江河邻聚落东部流淌而过；鲍家屯则面朝大青山、小青山及古代水利工程小都江堰（马树河），背靠后园坡（表2-3-1）。

湘黔滇驿道走廊中段屯堡整体环境格局   表2-3-1

村落名称	吉昌屯	雷屯	本寨屯	九溪村
整体空间格局				
特征	靠山—聚落—古水利工程—田坝—望山	靠山—聚落—三岔河—田坝	靠山—聚落—田坝—河流—田坝—望山	靠山—聚落—邢江河—田坝—望山
村落名称	云山屯	猴场屯	詹屯	周官村
整体空间格局				
特征	靠山—聚落—望山	靠山—聚落—田坝	靠山—田坝—聚落—河流—望山	靠山—田坝—聚落—河流—田坝—望山

村落名称	鲍家屯	天龙屯	蔡官屯	大屯
整体空间格局				
特征	靠山—聚落—田坝—河流—望山	靠山—聚落—田坝—望山	靠山—聚落—河流—田坝—望山	靠山—聚落—田坝—水系—望山

2.3.2 走廊中段聚落环境格局组合规则解析

驿道走廊中段屯堡聚落环境格局由山体、田坝、聚落（建筑群）、河流水系、古水利工程等空间要素组合而成，形成了具有高度统一性、规则性的聚落选址规则，总体呈现出"背山面水、田坝围绕、临水而居、近山而筑"的环境特征，表现出"山体—聚落—田坝—水系—山体（案山）"的环境序列结构（图2-3-1）。

特征因子：背山面水、田坝围绕、临水而居、近山而筑的聚落环境格局

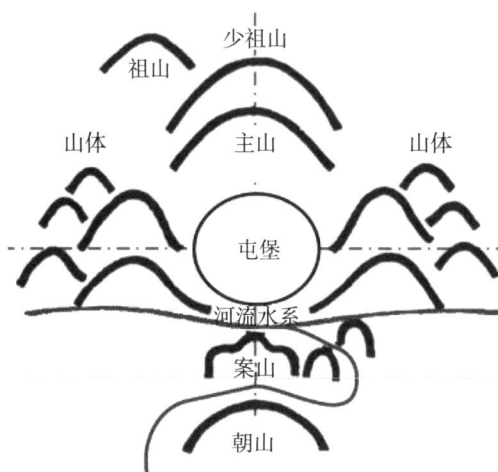

图2-3-1 湘黔滇驿道走廊中段屯堡聚落环境格局组合规则

2.4 湘黔滇驿道走廊中段屯堡聚落关系特征因子

2.4.1 走廊中段聚落关系空间要素

早期屯堡多以戍守和屯田为主要功能，强调其防御属性，常占据交通枢纽与地形要害之地，与各聚落间互成"据点"，形成具有防御等级属性的聚落关系网络，其聚落关系空间要素多由府、卫、防御组团、屯堡、哨、卡、铺、关等站点组成。

2.4.2 走廊中段聚落间群体布局组合规则解析

聚落关系间通常呈现出"府—卫—防御组团—屯、堡"的防御等级战略布局关系，并由哨、卡、铺、关等中转站点联系各屯或堡进而形成了网状的外部防御环境。如图2-4-1所示，3~5个屯堡构成一个防御组团，若干防御组团密集围绕在卫城附近，而卫城、屯、堡间为便于传送，通常沿主要交通干道沿线设置"铺、哨、关、庄"等用于中转的站点，并通过无形的传送链、联系链组成了一张进可攻、退可守的军事防御网。

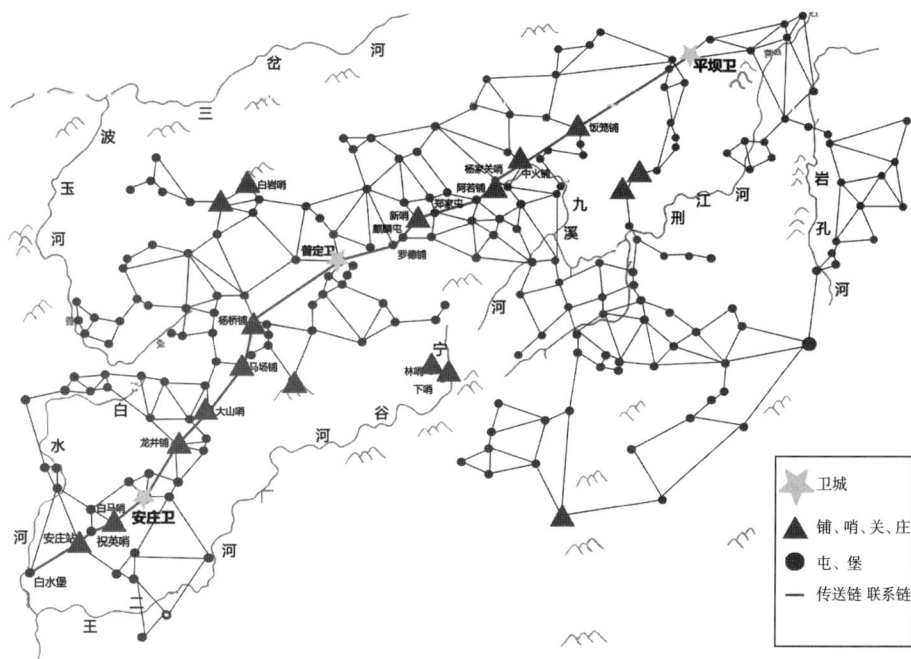

图2-4-1 屯堡聚落群体布局组合规则

2.5 湘黔滇驿道走廊中段屯堡聚落形态特征因子

2.5.1 走廊中段聚落形态空间要素

聚落形态在此处特指聚落的边界形态，其聚落形态的形成多受到山体、水系、田坝等自然空间要素和屯墙、屯门、院墙、民居等人工要素的影响，并根据不同的空间要素组合形式呈现出不同的聚落边界形态特征和外部防御特征。

2.5.2 走廊中段边界形态组合规则解析

本书的研究为保证数据的准确性和遵循时空传承稳定性的原则，将研究范围划定为聚落核心保护区的边界范围，排除了各屯堡聚落外围的新建农房，以原有堡寨墙为边界的核心保护区为本次研究的空间范围。借助聚落边界形状指数的量化分析方法，对鲍家屯、吉昌屯、雷屯、本寨屯、九溪村、云山屯、猴场屯、詹屯、周官村、天龙屯、大屯、蔡官屯12个样本村落进行整体边界形态的量化分析。研究发现，走廊中段屯堡聚落因地貌环境的差异使其呈现不同的边界形态，大体可分为团状聚落、带状聚落及带状倾向的团状聚落三种组合规则，且聚落规模较小，如鲍家屯、雷屯、九溪村、詹屯、周官村、大屯、蔡官屯均为团状聚落，长宽比λ分布在1.05 ~ 1.46之间，形状指数S在1.09 ~ 1.55之间；而云山屯、猴场屯为带状聚落，长宽比λ分别为3.01、3.02，形状指数S分别为1.55、1.85；吉昌屯、本寨屯、天龙屯则为带状倾向的团状聚落，长宽比λ分别为1.70，1.74，1.96，形状指数S分别为1.05，1.18、1.21（表2-5-1）。

滇湘黔驿道走廊中段屯堡聚落边界形态组合规则　　　　表2-5-1

村落名称	吉昌屯	雷屯	本寨屯	九溪村
整体边界形态				
长宽比λ	1.70	1.10	1.74	1.05
形状指数S	1.05	1.44	1.18	1.27
边界形态特征	带状倾向的团状聚落	团状聚落	带状倾向的团状聚落	团状聚落

村落名称	云山屯	猴场屯	詹屯	周官村
整体空间格局				
长宽比λ	3.01	3.02	1.07	1.46
形状指数S	1.55	1.85	1.23	1.45
边界形态特征	带状聚落	带状聚落	团状聚落	团状聚落
村落名称	鲍家屯	天龙屯	蔡官屯	大屯
整体边界形态				
长宽比λ	1.39	1.96	1.12	1.26
形状指数S	1.09	1.21	1.11	1.55
边界形态特征	团状聚落	带状倾向的团状聚落	团状聚落	团状聚落

2.5.3 走廊中段外部防御组合规则解析

湘黔滇驿道走廊中段屯堡多利用大体量的条块状石块垒砌成墙并将聚落外围空间封闭包裹起来，其外部防御组合规则共有三种，即独立式、户自为堡式、自然山水结合式。其中，独立式是指厚50~80cm、高3~4m的屯墙，常作为独立的物质形态出现并将聚落外围空间围合起来，这种独立式的屯墙建筑常常与民居建筑间留有可供人通行的小道或攀爬屯墙、箭楼的台阶，如鲍家屯、吉昌屯和詹屯。户自为堡式是指多借助各家各户的院墙紧密结合而成的聚落外围防御边界，如雷屯、九溪村、周官村和大屯。自然山水结合式则是屯堡聚落顺应山形地势，结合周边山体、水系等天然屏障结合而成的聚落外围边界的围合形式，即常在未背靠山体的部分砌筑屯墙或以户为堡的屯墙形式出现，而背靠山体的部分则利用其靠山和面前的河流水系形成天然的防御边界，如本寨屯、云山屯、猴场屯、天龙屯和蔡官屯（表2-5-2、图2-5-1）。

村落名称	吉昌屯	雷屯	本寨屯	九溪村
聚落边界防御				
特征	独立式	户自为堡式	自然山水结合式	户自为堡式
村落名称	云山屯	猴场屯	詹屯	周官村
聚落边界防御				
特征	自然山水结合式	自然山水结合式	独立式	户自为堡式
村落名称	鲍家屯	天龙屯	蔡官屯	大屯
聚落边界防御				
特征	独立式	自然山水结合式	自然山水结合式	户自为堡式

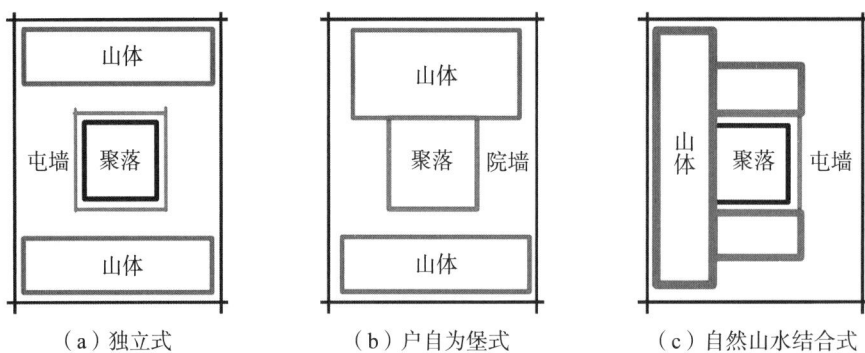

（a）独立式　　　　（b）户自为堡式　　　　（c）自然山水结合式

图2-5-1　湘黔滇驿道走廊中段屯堡聚落外部防御共性特征

2.6 湘黔滇驿道走廊中段屯堡聚落格局特征因子

2.6.1 走廊中段聚落格局空间要素

驿道走廊中段屯堡的聚落空间格局由各类建筑按照规定布局方式呈现出的空间结构模式,通常由各类建筑、街巷空间、公共空间等空间要素组合而成,在其聚落格局空间布局上也具有"择中立国立宫立庙、尊卑等级秩序"的特征。

2.6.2 走廊中段空间结构组合规则解析

1. 整体空间格局

从聚落空间结构组合规则上看,驿道走廊中段屯堡的聚落空间结构组合规则可分为主街中轴式和核心组团式两种,其中主街中轴式的整体空间结构居多,核心组团式的空间结构较少(图2-6-1)。如以主街中轴式为聚落整体空间结构的吉昌屯、雷屯、云山屯、周官村、猴场屯、詹屯、鲍家屯、天龙屯、蔡官屯、大屯,场坝、庙宇、戏台、水井、屯门、角楼等公共建筑或空间依照封建社会礼制的传统思想分布在聚落的中央主街上,民居则行列整齐地分布在中央主街两侧。次要巷道与中央主街多垂直相交,居住单元则均匀致密,行列分布于次要巷道两侧。其中,云山屯因地理位置特殊,位居两峰中间,呈带状分布,其整体空间结构不似其他屯堡聚落般布局严谨和秩序井然,较多的是为获得更多的生存用地,顺应地形分布,但其聚落依旧围绕中央主街进行布置与营建,公共建筑及其场坝也位于中央主街上,建筑多顺应山体走势自由布局。而空间结构以核心组团式为主的九溪村、本寨屯由若干个彼此独立且各成体系的组团构成,各组团内的空间格局围绕其核心的公共空间进行营建或以家族单位进行营建。例如九溪村的大堡、小堡、后街三个组团的民居多围绕庙宇及其场坝空间营造其聚落内部的整体空间格局;而本寨屯则以家族为单位,分为金氏、杨氏、王氏、陈氏、胡氏家族组团,其聚落的整体空间结构多以家族为核心进行营建(表2-6-1)。

湘黔滇驿道走廊中段屯堡聚落空间结构组合规则　　表2-6-1

村落名称	吉昌屯	雷屯	本寨屯	九溪村
整体空间结构				
特征	主街中轴式	主街中轴式	核心组团式	核心组团式
村落名称	云山屯	猴场屯	詹屯	周官村
整体空间结构				
特征	主街中轴式	主街中轴式	主街中轴式	主街中轴式
村落名称	鲍家屯	天龙屯	蔡官屯	大屯
整体空间结构				
特征	主街中轴式	主街中轴式	主街中轴式	主街中轴式

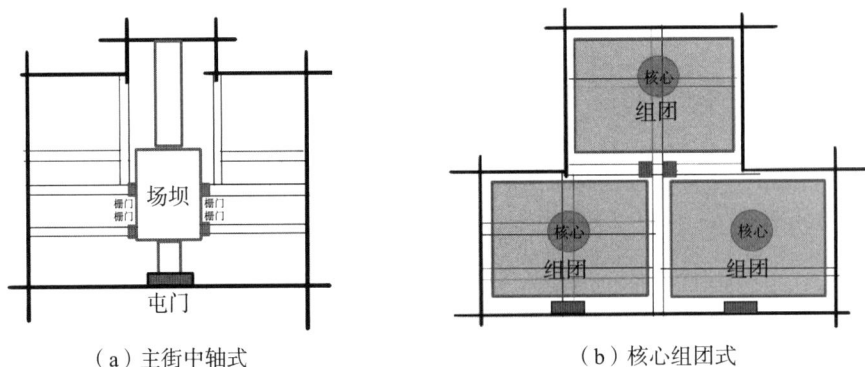

（a）主街中轴式　　　　　　　（b）核心组团式

图2-6-1　湘黔滇驿道走廊中段屯堡聚落空间结构共性特征

2. 空间渗透性、可达性与还原性

利用空间句法分析得出，中段屯堡聚落的连接值区间为2.39～2.83，集成度区间为0.42～0.80。聚落中绝大部分连接值与集成度最大值重叠，集成度最大值所在位置基本为聚落平面空间中的主街和场坝，与周围空间联系密切，渗透性强，具有较高的可达性，如吉昌屯、詹屯、雷屯。而少部分连接值最大的为外围主要道路，交通流量较大，如蔡官屯、周官村。屯堡聚落的可理解度区间为0.30～0.62，均值为0.46，12个样本聚落中有5个聚落可理解度数值为0.5以上，占样本总数的42%，说明大多数聚落拟合度一般，局部中心尚能融入聚落整体街巷空间系统中，空间系统自明性尚可，从局部认识整体较为不易。三个数值表明：中段屯堡聚落呈现出主街渗透性强、可达性高、自明性一般的空间结构特征（表2-6-2）。

湘黔滇驿道走廊中段屯堡聚落空间句法分析　　　　　　表2-6-2

村落名称	吉昌屯	雷屯	本寨屯	九溪村
连接值				
	2.63	2.62	2.46	2.46
集成度				
	0.63	0.60	0.47	0.42
可理解度				
	R^2：0.43	R^2：0.41	R^2：0.42	R^2：0.30
村落名称	云山屯	猴场屯	詹屯	周官村
连接值				
	2.58	2.43	2.51	2.83

村落名称	云山屯	猴场屯	詹屯	周官村
集成度				
	0.45	0.66	0.75	0.68
可理解度				
	R^2：0.33	R^2：0.55	R^2：0.62	R^2：0.57
村落名称	鲍家屯	天龙屯	蔡官屯	大屯
连接值				
	2.87	2.39	2.62	2.75
集成度				
	0.68	0.49	0.80	0.75
可理解度				
	R^2：0.49	R^2：0.36	R^2：0.54	R^2：0.55

2.6.3　走廊中段平面形态组合规则解析

1. 建筑密度

借助聚落建筑密度的量化分析方法，对鲍家屯、天龙屯、吉昌屯、雷屯、本寨屯、九溪村、云山屯、猴场屯、詹屯、周官村、蔡官屯、大屯12个样本村落进行聚落建筑密度的量化分析发现，建筑密度均值为49.5%。其中，吉昌屯、雷屯、九溪村、詹屯、周官村、鲍家屯、天龙屯、大屯8个聚落的建筑密度为50%及以上，本寨屯建筑密度为41%，蔡官村建筑密度为45%，均处于高密度区间；而猴场屯、云山屯的建筑密度分别为36%、24%，这是它们的建筑布局随地形起伏变化较大，建筑布局较为零散导致的。故其整体建筑密度偏低，处于中密度区间。由此可知，湘黔滇驿道走廊中段屯堡聚落的整体平面形态特征总体呈现出空间紧凑，建筑密度整体偏高的特征（表2-6-3）。

2．公共空间分维值

为更为精准地反映屯堡聚落的整体结构程度，利用公共空间分维值的聚落平面形态量化方法，即通过聚落的建筑空间充当图界面，聚落公共空间充当底界面，以此为依据绘制了各样本屯堡聚落的公共空间图斑并进行量化分析。

结果表示，在这12个样本屯堡聚落的公共空间图斑中，有8个为高分维值（吉昌屯、雷屯、本寨屯、九溪村、周官村、鲍家屯、天龙屯、大屯）；4个中分维值（蔡官屯、云山屯、猴场屯、詹屯），整体均值为1.51。由此可知，湘黔滇驿道走廊中段屯堡聚落空间的公共空间较少，建筑空间丰富，聚落内部的整体空间组织利用率较高，整体表现出空间整体结构具有强结构化的显著特征（表2-6-3）。

湘黔滇驿道走廊中段屯堡聚落平面形态组合规则　　　　　　表2-6-3

村落名称	吉昌屯	雷屯	本寨屯	九溪村
建筑密度图斑				
建筑密度	52%（高密度）	58%（高密度）	41%（高密度）	63%（高密度）
公共空间分维值				
分维值	1.56（高分维值）	1.60（高分维值）	1.52（高分维值）	1.57（高分维值）

续表

村落名称	云山屯	猴场屯	詹屯	周官村
建筑密度图斑				
建筑密度	24%（中密度）	36%（中密度）	57%（高密度）	53%（高密度）
公共空间分维值				
分维值	1.39（中分维值）	1.47（中分维值）	1.49（中分维值）	1.52（高分维值）
村落名称	鲍家屯	天龙屯	蔡官屯	大屯
建筑密度图斑				
建筑密度	53%（高密度）	55%（高密度）	45%（高密度）	57%（高密度）
公共空间分维值				
分维值	1.55（高分维值）	1.54（高分维值）	1.45（中分维值）	1.55（高分维值）

2.7 湘黔滇驿道走廊中段屯堡聚落场所特征因子

2.7.1 走廊中段聚落场所空间要素

湘黔滇驿道走廊中段屯堡聚落场所空间由祠庙、井台、场坝、戏台、水口等标识性场所空间组成，它们常作为屯堡族人宗教祭祀、日常娱乐的精神性活动空间。其中，各类场所空间在空间形式（位置、平面组合关系、平面布局）和空间尺度上均具有明显的地域特征。

2.7.2　走廊中段祠庙空间组合规则解析

祠庙空间作为屯堡聚落集屯堡精神和汉族文化的场所，有核心式与分离式两种空间组合规则。核心式多结合开阔场坝布置于屯堡中心位置，如鲍家屯、吉昌屯、雷屯、九溪村、猴场屯、詹屯、周官村、天龙屯，均是庙宇结合场坝形成聚落的核心。分离式则为远离聚落布置于旁边山顶处，如远离式的祠庙空间类型，以本寨屯青龙寺和云山屯云鹫寺为特殊典型（表2-7-1、图2-7-1、图2-7-2）。

湘黔滇驿道走廊中段屯堡聚落祠庙空间组合规则　　　　表2-7-1

村落名称	吉昌屯	雷屯	本寨屯	九溪村
分布位置	核心式	核心式	分离式	核心式
祠庙名称	汪公殿	永丰寺	青龙寺	龙泉寺、汪公庙、青龙寺
平面形式	四进制合院式	四进制合院式	四合院式	四合院、一进制、四合院
村落名称	云山屯	猴场屯	詹屯	周官村
分布位置	分离式	核心式	核心式	核心式
祠庙名称	云鹫寺	土地庙	培风寺、五显寺、叶氏祠堂	土地庙
平面形式	合院式	四方形	三合院、一进制、四合院	四方形

村落名称	鲍家屯	天龙屯	蔡官屯	大屯
分布位置	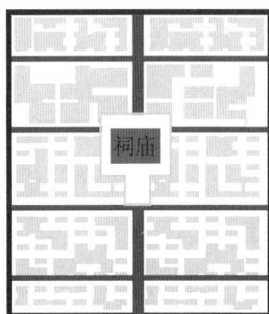 核心式	核心式	分离式	分离式
祠庙名称	关圣殿、大佛殿、汪公殿	三教寺	山神庙	青龙寺
平面形式	合院式	合院式	一进制	一进制

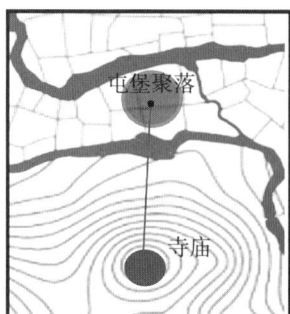

（a）核心式　　　　　　　　（b）分离式

图2-7-1　湘黔滇驿道走廊中段屯堡聚落祠庙空间共性特征

（a）詹屯培风寺　　　　　（b）詹屯叶氏祠堂　　　　　（c）雷屯永丰寺

（d）九溪村龙泉寺　　　　（e）九溪村汪公庙　　　　（f）猴场屯土地庙

图2-7-2　湘黔滇驿道走廊中段屯堡聚落祠庙空间样本图示

2.7.3 走廊中段水口园林组合规则解析

屯堡水口园林的营建继承了徽州水口园林理水造景的手法，选址于村寨主街、屯门正对狭窄的山口处，多呈现出明显的轴线关系。常以山体、水系、田坝、树木为主要景观，并利用亭、桥、寺庙、水井等人工要素加以点缀，形成"良田、水口、村庄、山林间错分布"的序列结构，是屯堡人与江南祖先在空间上的基因继承，是屯堡人排遣怀旧感伤之情的产物（表2-7-2、图2-7-3、图2-7-4）。

湘黔滇驿道走廊中段屯堡聚落水口园林组合规则　　　　表2-7-2

村落名称	吉昌屯	雷屯	本寨屯	九溪村
分布位置				
序列结构	良田—水口—村庄—山林	山林—村庄—良田—水口	山林—村庄—良田—水口	山林—村庄—水口—良田
村落名称	云山屯	猴场屯	詹屯	周官村
分布位置	—			
序列结构	—	山林—水口—村庄—山林	良田—村庄—水口—山林	山林—良田—村庄—水口—山林
村落名称	鲍家屯	天龙屯	蔡官屯	大屯
分布位置		—		
序列结构	村庄—良田—山林—水口	—	山林—村庄—良田—水口—山林	山林—良田—村庄—水口—山林

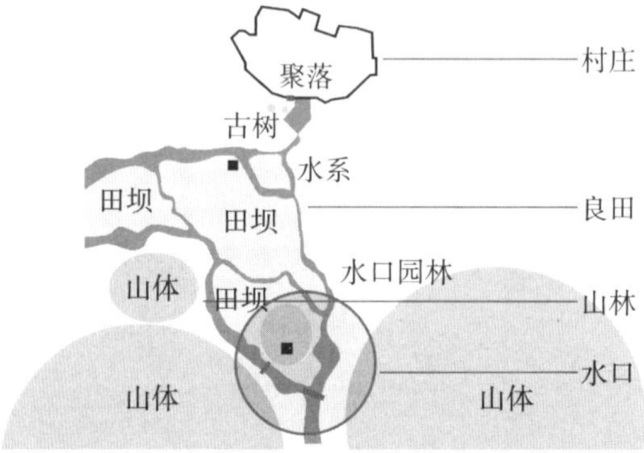

山林—水口—田坝—村庄轴线序列关系突出

图2-7-3 湘黔滇驿道走廊中段屯堡聚落水口园林共性特征

（a）詹屯水口园林　　（b）猴场屯水口园林　　（c）九溪村水口园林　　（d）本寨屯水口园林

图2-7-4 湘黔滇驿道走廊中段屯堡聚落水口园林样本图示

2.7.4 走廊中段场坝空间组合规则解析

场坝空间是屯堡聚落中的集会型场所空间，通常位于聚落核心位置并由局部主街放大而来。其形状和规模随用地条件而灵活变化，常与屯堡内的祠庙、戏台等公共建筑结合布置，互为补充，共同构成屯堡的标识性空间节点，多分为中轴核心式和核心组团式两类（表2-7-3、图2-7-5、图2-7-6）。

湘黔滇驿道走廊中段屯堡聚落场坝空间组合规则　　　　　表2-7-3

村落名称	吉昌屯	雷屯	本寨屯	九溪村
分布位置	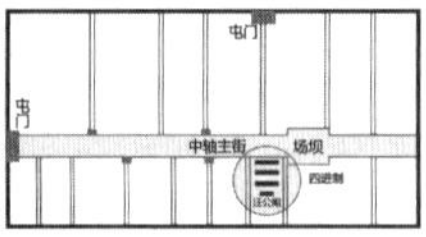	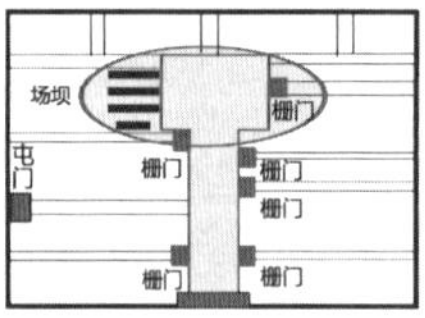	—	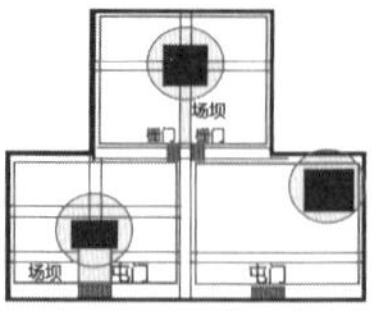
布局形式	中轴核心式	中轴核心式	—	核心组团式

村落名称	云山屯	猴场屯	詹屯	周官村
分布位置				
布局形式	中轴核心式	中轴核心式	中轴核心式	中轴核心式
村落名称	鲍家屯	天龙屯	蔡官屯	大屯
分布位置				
布局形式	中轴核心式	中轴核心式	中轴核心式	中轴核心式

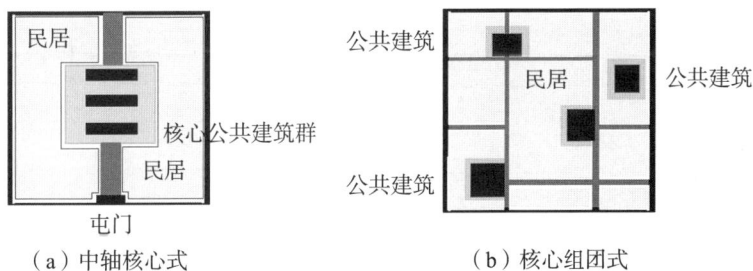

（a）中轴核心式　　　　　　　　（b）核心组团式

图2-7-5　湘黔滇驿道走廊中段屯堡聚落场坝空间共性特征

（a）猴场屯场坝　　　　　　（b）詹屯场坝　　　　　　（c）周官村场坝

图2-7-6　湘黔滇驿道走廊中段屯堡聚落场坝空间样本图示

2.7.5 走廊中段井台空间组合规则解析

屯堡聚落为了给村民提供稳定的饮用水源，常在聚落边缘或聚落内部形成形式多样、尺度不一的井台，四周多布置平整，铺砌石板并结合土地庙形成公共空间，多分为与古树、土地庙相结合的井台空间和单独分布在聚落内部的井台空间，即结合式井台空间与独立式井台空间两类（表2-7-4、图2-7-7、图2-7-8）。

湘黔滇驿道走廊中段屯堡聚落井台空间组合规则　　　　　　表2-7-4

村落名称	吉昌屯	雷屯	本寨屯	九溪村
分布位置			—	
布局形式	结合式	独立式	—	独立式
村落名称	云山屯	猴场屯	詹屯	周官村
分布位置	—			—
布局形式	—	结合式	结合式	—
村落名称	鲍家屯	天龙屯	蔡官屯	大屯
分布位置	—			
布局形式	—	结合式	独立式	结合式

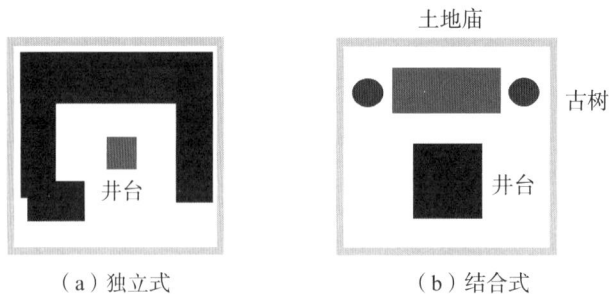

（a）独立式　　　　　　　（b）结合式

图2-7-7　湘黔滇驿道走廊中段屯堡聚落井台空间共性特征

|（a）猴场屯井台1|（b）詹屯井台1|（c）雷屯井台|
|（d）九溪村井台|（e）詹屯井台2|（f）猴场屯井台2|

图2-7-8　湘黔滇驿道走廊中段屯堡聚落井台空间样本图示

2.7.6　走廊中段戏台空间组合规则解析

戏台是屯堡人为举办地戏、花灯、跳花、山歌等民俗节庆仪式活动所产生的，其规模、平面形态、空间尺度随用地条件而灵活变化。多与村寨中的庙宇场所结合，常作为庙宇第一进建筑物布置于聚落中心位置，如雷屯戏台位于永丰寺第一进建筑物的位置。此外，极少部分戏台空间为独立式和平地开敞式两类，如云山屯戏台正对于主街处财神庙独立布置，猴场屯、周官村戏台则露天开敞式布置于场坝附近的空地处（表2-7-5、图2-7-9、图2-7-10）。

湘黔滇驿道走廊中段屯堡聚落戏台空间组合规则　　　　　　表2-7-5

村落名称	吉昌屯	雷屯	本寨屯	九溪村
分布位置				
布局形式	结合式	结合式	结合式	结合式

村落名称	云山屯	猴场屯	詹屯	周官村
分布位置				
布局形式	独立式	平地开敞式	结合式	平地开敞式
村落名称	鲍家屯	天龙屯	蔡官屯	大屯
分布位置				—
布局形式	结合式	结合式	平地开敞式	—

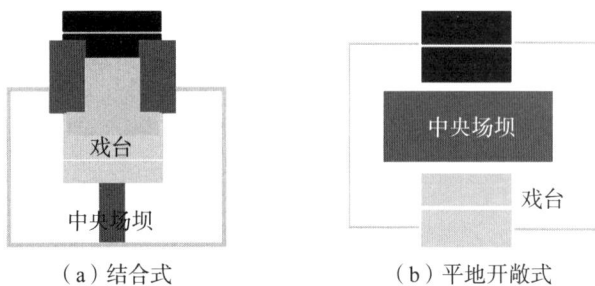

（a）结合式　　　　　　　（b）平地开敞式

图2-7-9　湘黔滇驿道走廊中段屯堡聚落戏台空间共性特征

（a）雷屯戏台　　　　（b）吉昌屯戏台　　　　（c）云山屯戏台

图2-7-10　湘黔滇驿道走廊中段屯堡聚落戏台空间样本图示

2.8 湘黔滇驿道走廊中段屯堡聚落街坊肌理特征因子

2.8.1 走廊中段聚落街坊肌理空间要素

在江南古镇，街坊既是聚落的主体空间，也是居民安居乐业的主要场所[80]。聚落的主体空间是由"间→合院→院落组→地块→街坊"一步步分层级形成的[72]。据悉，街坊空间是聚落主体空间的最高层级，它由数个大小不一的地块组成，当其组成区域达到一定规模时，即巷道无法满足居民日常生产、生活和通行需要时，便形成了经纬纵横且交错的街道，并成为街区划分的主要分界线，而地块与巷弄空间则以街坊空间的组成部分存在[72]。由于湘黔滇驿道走廊中段屯堡聚落的规模远不及江南古镇的聚落规模，因此本书的研究中涉及的街坊空间划分方式，是按照其聚落空间中的主要街道进行划分的（表2-8-1）。

湘黔滇驿道走廊中段屯堡聚落街坊划分　　　　表2-8-1

村落名称	吉昌屯	雷屯	本寨屯	九溪村
街坊划分				
街坊数量	2个	2个	3个	3个
村落名称	云山屯	猴场屯	詹屯	周官村
街坊划分				
街坊数量	2个	2个	2个	2个
村落名称	鲍家屯	天龙屯	蔡官屯	大屯
街坊划分				
街坊数量	2个	3个	2个	2个

2.8.2 走廊中段街坊序列关系组合规则解析

在屯堡聚落中，其街坊空间多由院落组、街、巷、防御性构筑物（栅门、碉楼、屯墙）、公共建筑等诸多要素构成，其中院落是最主要的群组，组成了人们基本的生活单元。聚落街坊空间序列结构形态主要是关注其院落组、街、巷、防御性构筑物、公共建筑等空间构成要素之间的序列组合关系。分析样本聚落，发现屯堡聚落的街坊序列结构共有街—栅门—院落组—巷—屯墙；街—栅门—院落组；街—屯门—院落组—公共建筑—院落组—巷；街—院落组；街—院落组—巷—屯墙；街—院落组6种形式（表2-8-2）。

湘黔滇驿道走廊中段屯堡聚落街坊序列组合规则　　　　　表2-8-2

村落名称	吉昌屯	雷屯	本寨屯	九溪村
空间形态图示				
组合关系	街—栅门—院落组—巷—屯墙	街—栅门—院落组	巷—栅门—院落组	街—屯门—院落组—公共建筑—院落组—巷
村落名称	云山屯	詹屯	猴场屯	周官村
空间形态图示				
组合关系	街—院落组	街—院落组—巷—屯墙	街—院落组	街—院落组
村落名称	鲍家屯	天龙屯	蔡官屯	大屯
空间形态图示				
组合关系	街—栅门—院落组	街—栅门—院落组	街—栅门—院落组	街—院落组

2.8.3 走廊中段建筑群体组合关系组合规则解析

湘黔滇驿道走廊中段屯堡内建筑之间的间距较近，分布较为紧凑，以街坊为单位进行建筑的布局，多以行列式的建筑群体组合形式出现。即由建筑单体与周边附属空间形成的院落组地块沿主街或次街整齐排列，这种整齐划一的地块组合方式使屯堡聚落的肌理更有秩序感，一定程度上也佐证了屯堡初期是以军事"营房"的形式进行营建的（表2-8-3）。

湘黔滇驿道走廊中段屯堡聚落建筑群体组合规则　　　　　　　表2-8-3

村落名称	吉昌屯	雷屯	本寨屯	九溪村
空间形态图示				
组合关系	行列式	行列式	行列式	行列式
村落名称	云山屯	詹屯	猴场屯	周官村
空间形态图示				
组合关系	行列式	行列式	行列式	行列式
村落名称	鲍家屯	天龙屯	蔡官屯	大屯
空间形态图示				
组合关系	行列式	行列式	行列式	行列式

2.8.4 走廊中段街坊军事布局组合规则解析

为加强聚落内部的防御属性，屯堡聚落街坊军事布局组合规则是将聚落分为若干个街坊空间，其中栅门作为进入各街坊空间的第一重入口，常扼守于垂直中轴主街的巷道

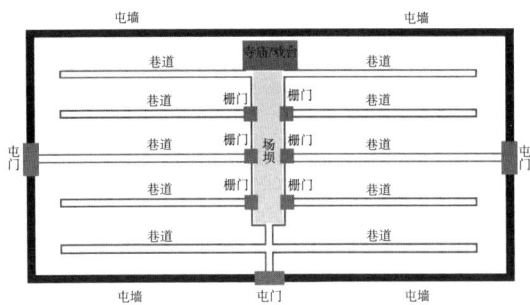

（a）屯堡聚落防御空间结构图

（b）鲍家屯——聚落防御空间结构图

（c）吉昌屯——聚落防御空间结构图

（d）雷屯——聚落防御空间结构图

图2-8-1　湘黔滇驿道走廊中段屯堡聚落街坊军事布局组合规则

口处，院落组则分设巷道两侧，碉楼按需布置于各院落组内部，用于监测或狙击敌人，整体呈现出"主街划分街坊、栅门扼守巷道口、碉楼点状分布于院落组"的街坊军事布局组合规则（图2-8-1）。

2.9　湘黔滇驿道走廊中段屯堡聚落宅院街巷关系特征因子

2.9.1　走廊中段聚落宅院街巷空间要素

湘黔滇驿道走廊中段屯堡聚落宅院街巷空间要素多由主街、次街和巷道等空间要素组成，它们共同组成聚落宅院街巷空间，形成了具有明显等级划分、互不贯通、不规则网格状、狭窄曲折的聚落街巷空间。

2.9.2 走廊中段街巷整体布局组合规则解析

研究发现，湘黔滇驿道走廊中段位置大多数屯堡聚落的街巷整体布局均较为规则，有着清晰、规整的街巷结构，可大致分为不规则网格状和中轴鱼骨状两种类型（图2-9-1）。

不规则网格状的街巷结构与常见的方格网式结构布局不同，网格状布局的街巷并不互相贯通，且没有明显的主街支配其他巷道，很少出现"十"字形的交叉口，出入口通常错开布置，如詹屯、九溪村、周官村、本寨屯和大屯。中轴鱼骨状的街巷结构多以村落中央场坝为中心点，以主街为中心轴线，纵横交错的支巷由主街向两侧衍生并向外辐射开来，且串联起各个民居院落，如吉昌屯、雷屯、云山屯、猴场屯、鲍家屯、天龙屯和蔡官屯（表2-9-1）。

湘黔滇驿道走廊中段屯堡聚落街巷整体布局组合规则 表2-9-1

村落名称	吉昌屯	雷屯	本寨屯	九溪村
整体空间结构				
特征	中轴鱼骨状	中轴鱼骨状	不规则网格状	不规则网格状
村落名称	云山屯	猴场屯	詹屯	周官村
整体空间结构				
特征	中轴鱼骨状	中轴鱼骨状	不规则网格状	不规则网格状
村落名称	鲍家屯	天龙屯	蔡官屯	大屯
整体空间结构				
特征	中轴鱼骨状	中轴鱼骨状	中轴鱼骨状	不规则网格状

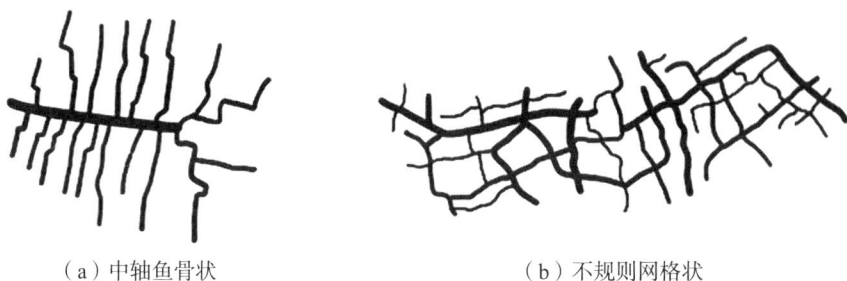

（a）中轴鱼骨状	（b）不规则网格状

图2-9-1　湘黔滇驿道走廊中段屯堡聚落街巷整体布局共性特征

2.9.3　走廊中段街巷交叉口形式组合规则解析

与现代路网规则的交叉口结构相比，湘黔滇驿道走廊中段屯堡聚落常将街巷的交界处，即交叉口形式设置成不规则式样，类似于"T"形、"Y"形、"L"形、"U"形、十字错位形、多向发散形的特征，这些不规则的交叉口形态稳定地存在于各个屯堡聚落中，并在历史演变中不断延续。不规则街巷交叉口形态的生成原因有地域地形或建筑组合模式的影响。其中，最为关键的影响要素则是受军事防御的约束，多强调尽端式围堵拦截敌人，防止敌人熟悉聚落内部的流线（表2-9-2）。

湘黔滇驿道走廊中段屯堡聚落街巷交叉口形式组合规则　　　　表2-9-2

共性特征	"T"形	"Y"形	"L"形	"U"形	十字错位形	多向发散形
空间图示						

2.9.4　走廊中段街巷界面形态组合规则解析

1．街巷水平维度

本书的研究为进一步了解屯堡街巷空间的界面平整、连续、密集、开敞程度，分别从街巷界面密度、建筑贴线率和街巷开敞率三个角度对其街巷水平维度进行分析与解读（表2-9-3）。研究发现，湘黔滇驿道走廊中段屯堡聚落的街巷界面密度均值约为61%，数值在60%～80%。因此，其街巷的纵向围合感较为强烈，街巷界面的密集程度较高；建筑贴线率均值约为61%，其街巷界面的平整度较低，多存在建筑与街巷参差不齐且不连续的现象；而其街巷开敞率均值为21.56m/个，顾名思义，可以开敞屯堡聚落的街巷数量居多，整体构成了对内开敞明朗，对外陌生复杂的街巷平面形态特征。

湘黔滇驿道走廊中段屯堡聚落街巷界面水平维度数据　　表2-9-3

村落名称	街巷界面密度（%）	建筑贴线率（%）	街巷开敞率
吉昌屯	81	82	28.36m/个
雷屯	83	75	22.34m/个
本寨屯	64	80	15.08m/个
九溪村	87	49	30.06m/个
云山屯	49	54	20.58m/个
猴场屯	40	48	25.20m/个
詹屯	47	49	24.32m/个
周官村	64	64	23.34m/个
鲍家屯	65	71	28.32m/个
天龙屯	58	70	19.14m/个
蔡官屯	33	33	33.57m/个
大屯	59	56	31.58m/个
均值	61	61	21.56m/个

2．街巷垂直维度

屯堡聚落街巷垂直界面的空间尺度是严格按照屯堡族人军事防御需求及街巷两旁建筑物的性质而定的，如主街的宽度为4~6m，而有主街场坝分布的位置，其街巷的宽度为10~12m，如吉昌屯、雷屯等。次要巷道较为狭窄，仅1~3m宽，其中云山屯沿山体而建，整体街巷布局相比其他屯堡稍为分散。通过对样本屯次要街道进行宽高比量化分析发现，其宽高比多集中在0.21~0.85，不超过1，因此，行走在其中，给人一种拥挤、闭塞的包裹感（表2-9-4）。

湘黔滇驿道走廊中段屯堡聚落街巷宽高比　　表2-9-4

村落名称	吉昌屯	雷屯	本寨屯	九溪村
立面界面形态	$H=5.6$ $D=1.2$	$H=3.6$ $D=2.2$	$H=6.8$ $D=2.8$	$H=4.8$ $D=1.6$
宽高比	$D/H=0.21$	$D/H=0.61$	$D/H=0.41$	$D/H=0.33$

村落名称	云山屯	猴场屯	詹屯	周官村
立面界面形态	$H=5.6$ $D=4.8$	$H=3.8$ $D=1.7$	$H=4.8$ $D=2.6$	$H=6.4$ $D=2.2$
宽高比	$D/H=0.85$	$D/H=0.45$	$D/H=0.54$	$D/H=0.34$
村落名称	鲍家屯	天龙屯	蔡官屯	大屯
立面界面形态	$H=3.3$ $D=2.2$	$H=6.7$ $D=2.8$	$H=3.9$ $D=2.2$	$H=5.4$ $D=1.8$
宽高比	$D/H=0.67$	$D/H=0.42$	$D/H=0.56$	$D/H=0.33$

2.10 湘黔滇驿道走廊中段屯堡聚落庭院建筑特征因子

2.10.1 走廊中段聚落庭院建筑空间要素

湘黔滇驿道走廊中段屯堡庭院建筑多由正房、厢房、院落、倒座、朝门等要素构成，其中正房、厢房、院落、倒座、朝门各空间要素遵循"中轴对称、追求礼制"的合院式组群布局形态进行组合，形成了屯堡地域与周边族群不同的庭院建筑空间组合形式。

2.10.2 走廊中段院落形制组合规则解析

对湘黔滇驿道走廊中段屯堡院落形制组合规则进行解析发现，共存在四个组合规则形式："一"字形（最简单且最基本的民居形式，遵循"一条枪"营房式的平面布局，由正房、厢房等用房"一"字形排列而成）；三合院（是"L"形院落民居平面形式上的变形，与"L"形民居形式不同，常在正房的另一侧增加新的厢房，即一正两厢式，在屯堡民居中占比较大）；四合院（是在三合院的基础上，出于防御性需要，将石墙围合的一侧改为房屋，常为一正三厢或一正两厢一倒座的形式）及"L"形（平面由正房、厢房、庭院等用房组成，是在"一"字形院落民居形态上为满足家庭人口居住需求的扩建变形，即一正一厢式）（图2-10-1、表2-10-1）。

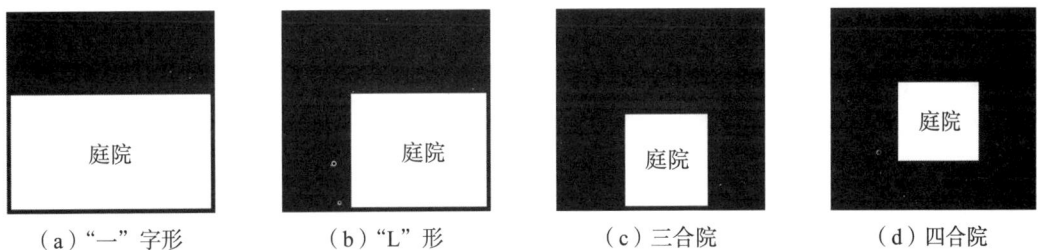

（a）"一"字形　　（b）"L"形　　（c）三合院　　（d）四合院

图2-10-1　湘黔滇驿道走廊中段屯堡院落形制组合规则

湘黔滇驿道走廊中段屯堡院落民居平面形态特征　　　　表2-10-1

院落民居平面形态	平面特征
	名称："一"字形院落民居形态 释义：最简单且最基本的民居形式，遵循"一条枪"营房式的平面布局，由正房、厢房等用房"一"字形排列而成。 特征：①较为独立，自身不具备围合感；②规模较小，每间房面宽3.7m，进深4.7m左右
	名称："L"形院落民居形态 释义：平面由正房、厢房、庭院等用房组成，是在"一"字形院落民居形态上为满足家庭人口居住需求的扩建变形，即一正一厢式。 特征：①具有半私密感，常利用庭院与街巷间形成过渡空间；②规模较小，每间房面宽3.7m，进深4.7m左右，院落进深12m左右
	名称：三合院民居形态 释义：是"L"形院落民居平面形式上的变形，与"L"形民居形式不同，常在正房的另一侧增添新的厢房，即一正两厢式，在屯堡民居中占比较大。 特征：①封闭性较强；②规模较小，每间房面宽3.7m，进深4.7m左右，院落进深12m左右

院落民居平面形态	平面特征
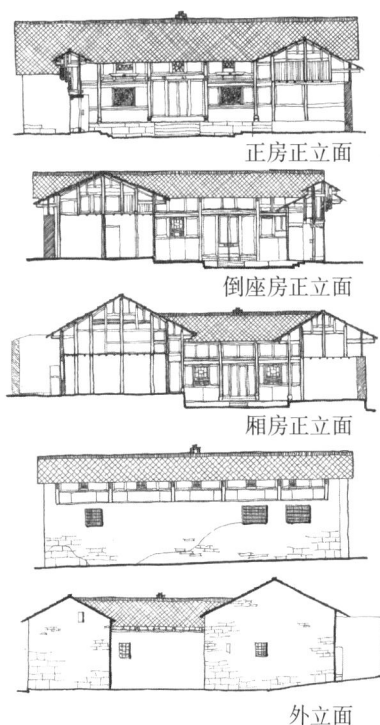	名称：四合院民居形态 释义：四合院是在三合院的基础上，出于防御性需要，将石墙围合的一侧改为房屋，常为一正三厢或一正两厢一倒座的形式。 特征：①封闭性和防御属性最强；②面宽大于进深，院落方正规则，院落空间较为狭小

此外，因清末的经济繁荣发展屯堡聚落住宅由平面转变为竖向扩展，逐渐由平房向楼房发展，出现高度有"二丈一顶八""丈八八"等名称，多为两层，楼上楼下作"吕"字样式[73]。遵循居住功能置于首层、储存等附属功能置于二层的原则，特殊的是其牲畜的圈养会单独在首层另辟空间以满足其生活需要。其外观就是一个石头筑成的堡垒，以方正岩石屋基、石块垒砌成外墙及院墙、石片菱形铺砌作为屋面，外墙上极少开窗，多为十字或狭长防御射击口，院落建筑内部为穿斗式木结构（图2-10-2）。

正房正立面

倒座房正立面

厢房正立面

外立面

（a）民居外立面测绘

①周官村民居外观　②本寨屯民居外观

③鲍家屯民居外观　④吉昌屯民居外观

（b）民居外观

图2-10-2 湘黔滇驿道走廊中段屯堡建筑立面

①周官村某宅　　　　　　　　②本寨屯某宅

③鲍家屯某宅正房　　　　　　④鲍家屯某宅厢房

（c）民居屋顶及外墙射击孔　　　　　　　　（d）民居内部

图2-10-2　湘黔滇驿道走廊中段屯堡建筑立面（续）

2.10.3　走廊中段组群形态组合规则解析

　　屯堡聚落的院落民居组群形态多由正房、厢房、庭院、朝门、倒座等民居要素组成，各要素间多以正房为中心展开，如"一"字形院落民居其院落组群形态多为正房及庭院居中、厢房分设正房两侧的形式；"L"形院落民居的院落组群形态多为正房及庭院居中、厢房分设正房两侧、庭院位于正房正前端的形式；三合院的院落组群形态多为正房及庭院居中、厢房分设正房两侧、朝门不正对正房；而四合院的院落组群形态则为正房及庭院居中、厢房分设正房两侧、倒座与正房相对、朝门不正对正房的形式（表2-10-2）。

湘黔滇驿道走廊中段屯堡聚落组群形态组合规则　　　　表2-10-2

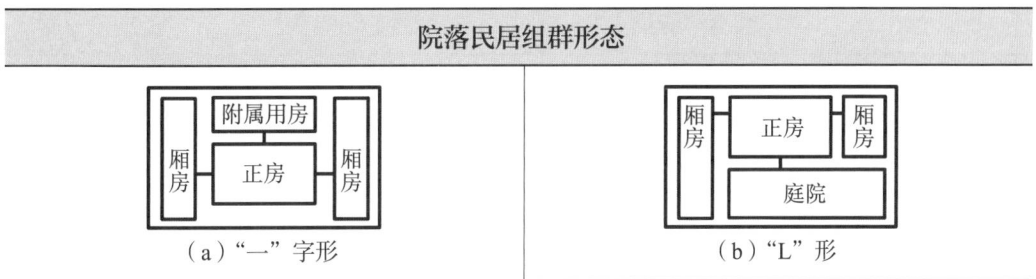

院落民居组群形态	
（a）"一"字形	（b）"L"形

院落民居组群形态	
正房及庭院居中、厢房分设正房两侧	正房及庭院居中、厢房分设正房两侧、庭院位于正房正前端
（c）三合院	（d）三合院
正房及庭院居中、厢房分设正房两侧、朝门不正对正房	
（e）四合院	（f）四合院
正房及庭院居中、厢房分设正房两侧、倒座与正房相对、朝门不正对正房	

2.10.4 走廊中段庭院规模组合规则解析

对湘黔滇驿道走廊中段屯堡聚落庭院空间率进行量化分析可知（表2-10-3），其庭院空间率均值为0.15，位于0～0.1705低庭院空间率数据区间，直接反映出屯堡聚落中建筑单体围合庭院的平均水平较低及庭院规模较小，且通过实地调研统计分析可知，其院落总占地面积200～300m²，庭院面积常分为小型合院（12～24m²）、中型合院（24～48m²）及大型合院（48～64m²）三种规模，其中小型合院居多（图2-10-3）。

湘黔滇驿道走廊中段屯堡聚落庭院空间率 表2-10-3

村落名称	庭院空间率	村落名称	庭院空间率
鲍家屯	0.31	本寨屯	0.21
吉昌屯	0.17	云山屯	0.12
九溪村	0.10	天龙屯	0.17

村落名称	庭院空间率	村落名称	庭院空间率
周官村	0.09	蔡官屯	0.09
詹屯	0.19	大屯	0.10
雷屯	0.12	均值	0.15
猴场屯	0.17		

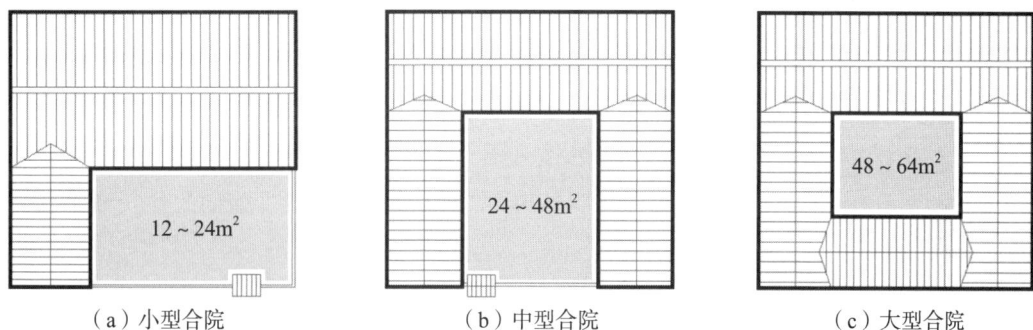

（a）小型合院　　　　　　（b）中型合院　　　　　　（c）大型合院

图2-10-3　湘黔滇驿道走廊中段屯堡聚落庭院规模组合规则

2.11　湘黔滇驿道走廊中段屯堡聚落建筑细部特征因子

2.11.1　走廊中段聚落建筑细部空间要素

此处屯堡聚落建筑空间特指聚落民居装饰，屯堡聚落建筑装饰较周边族群而言，其装饰样式更为丰富多样、精巧细腻，但较其母源地江南地区而言，其民居装饰显然不如江南民居的油墨重彩和雕梁画栋，但依旧在一石一木中完美展示了江南遗风。其中，"木作"多集中在门、窗、楼廊等位置，主要由垂花门楼、门簪、隔扇门窗、腰门和支摘窗等木雕装饰组成；而"石作"则广泛分布在铺地、屋基、柱础和朝门等位置，主要由石柱础、石地漏、象角石或龙口等石雕装饰组成。虽然民居装饰的多少取决于各家各户的经济实力，但在屯堡聚落中相同的装饰多集中在入口空间、院落及面向院落空间的房屋立面上，室内几乎不做装饰。为便于总结共性特征，下文中提及的民居装饰样式是围绕屯堡聚落中普遍存在的共性装饰进行归纳总结的。

2.11.2 走廊中段建筑细部组合规则解析

1. 石木结合的垂花门楼

屯堡民居四合院的外院与内宅的分界处的垂花门楼是屯堡各家各户对外展示其地位和财力的窗口，是整个民居建筑中耗费心血的位置，通高4～5m，"八"字形对敞式面向街道，象征着吸纳四方财气。区别于普通民居垂花门楼的全木质结构，屯堡的垂花门楼是一座极为华丽的石木结构门楼，分为上、下两部分。下半部分通常由门梁石、石柱、门槛、门枕、门仪石和门匾等组成；上半部分则以精巧细腻的木质垂花门头为主，并在其门头位置添加了额枋、垂花柱、花窗等木制装饰构件，门楼下部则由巨石垒砌而成，支撑朝门门罩的条石上常刻有龙凤、花草等动植物图案和几何纹样，中间则为双开木质大门，部分门上还悬挂有面具等装饰品。因此，石木结合的垂花门楼是屯堡族人在继承江南汉族民居传统装饰观念的同时因地制宜独创的建筑装饰式样（图2-11-1）。

图2-11-1 湘黔滇驿道走廊中段屯堡院落民居垂花门楼

2．尽显江南建筑文化的木雕装饰

屯堡民居建筑上的木雕十分精巧细腻，常见于门簪、隔扇门、腰门、支摘窗、隔扇窗等部位。其中，各部位木雕装饰的图案内容的表现手法多采用象征、比喻的手法以表达屯堡人趋利避害、祈求吉祥、追求荣华富贵的民俗文化心理。

1）门簪

门簪作为中国传统民居建筑的大门构件，常布置于屯堡民居正房正门的中槛之上，成双成对分布，形式多样，多以方形纹、五边形、圆形、正方形等简单的形式出现。部分讲究或财力较为雄厚的住户民居其门簪构件会格外突出儒家文化中的忠义思想、崇文思想、宗教文化中的佛教、道教文化，因此常会刻有代表忠义思想的"孝""悌""忠""信"和道教文化的"乾""坤"等纹样字符（图2-11-2）。

（a）方形纹门簪　　　　　　　　　　（b）五边形门簪

（c）圆形门簪　　　　　　　（d）正方形门簪　　　　　　　（e）福禄纹门簪

图2-11-2　湘黔滇驿道走廊中段屯堡院落民居门簪

2）门窗

门窗作为民居建筑与外界联系与交流的主要构建，是为了使石木结构的民居便于采光透气，并向外界展示其社会地位和财力。因此，屯堡民居一般采用隔扇门窗、支摘窗、腰门的方式装饰其民居立面。这些门窗构件的图案丰富多彩，包括方格纹、人字格、瑞锦纹、万字格、寿字格、龟背锦等隔扇门样式；菱形纹、条纹、板纹、风车纹等腰门样式；寒冰纹、格纹、风车纹、卍字纹等支摘窗样式；瑞锦纹、格纹、六角形纹、瑞花纹等隔扇窗样式。此外，其门窗的装饰除了以上的纹样外，屯堡汉族人还习惯运用海棠花、莲花、竹子、梅花、荷花等植物图案；蟾蜍、鲤鱼、龙凤、喜鹊等动物图案或四方形、圆形、方胜纹、盘长纹、六边形、菱形等几何图案装饰门窗，以表达对"多子多福""儿孙满堂""平安喜乐""前程似锦""平步青云""长寿兴旺"等美好生活的向往（表2-11-1）。

湘黔滇驿道走廊中段屯堡院落民居门窗装饰　　　　　　表2-11-1

隔扇门	方格纹	人字格纹	瑞锦纹	龟背锦纹
腰门	菱形纹	条纹	板纹	风车纹
支摘窗	寒冰纹	格纹	风车纹	卍字纹

隔扇窗				
	瑞锦纹	格纹	六角形纹	瑞花纹

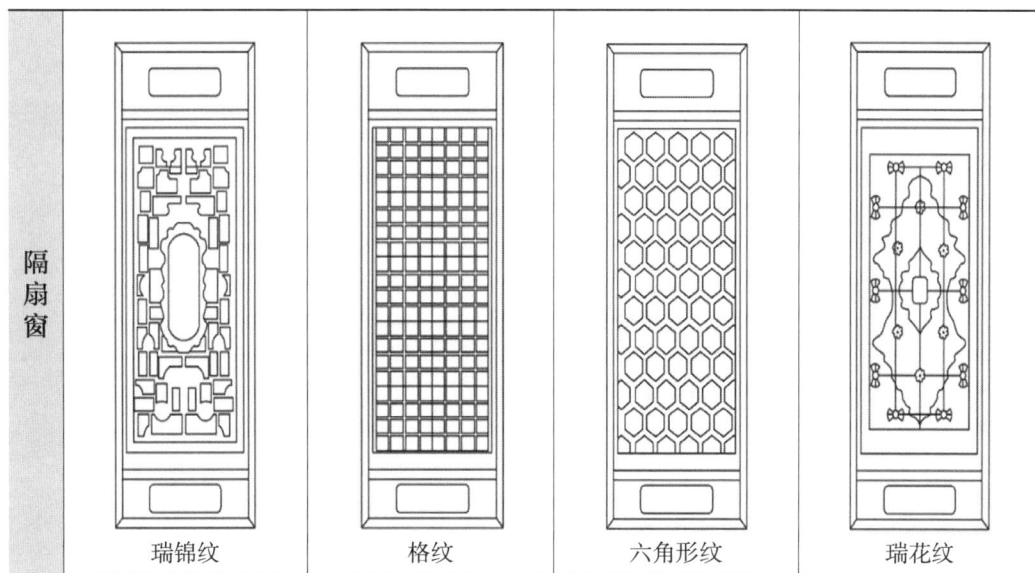

3．形态各异、寓意丰富的石雕

屯堡人除了在木雕上进行雕刻外，还充分利用了其独特的石雕工艺，并含蓄地体现在民居装饰的石柱础、石地漏、基脚石、龙口或象脚石等装饰构件上。

1）石柱础

据观察和史料记载，石柱础的形状多由瓜、葫芦等植物为原型演变而来，呈现出的鼓形、瓜形、八边柱形、覆盆形、覆莲形等。石柱础上雕刻的精美图案，多围绕岁寒三友、文房四宝、松树、福禄寿喜、举案齐眉、并蒂莲等象征家庭团结、富贵吉祥、多子多福的纹样展开。其中，石柱础雕刻的复杂程度多根据建筑的性质或家庭的经济实力有所不同（图2-11-3）。

2）石地漏

石地漏多位于屯堡民居的庭院天井处，大小约一尺见方，是屯堡民居石雕艺术的代表，多见于大户宅院中，是房屋主人为展现其特殊的地位与雄厚的财力而设。因此，石

（a）鼓形　　　　（b）瓜形　　　　（c）八边柱形　　　　（d）覆盆形　　　　（e）覆莲形

图2-11-3　湘黔滇驿道走廊中段屯堡民居石柱础装饰

地漏无论是从造型上还是工艺上均追求极致，多以象征财富与荣耀，常以十字形、五边形、四边形、蟾蜍形、古钱形、鱼形或龙形等形状为主（图2-11-4）。

3）象脚石与龙口

象脚石同石地漏一般，多见于大户宅院中，多象征着脚踏实地，一般由半圆形的石柱垒起；而龙口这一位于民居山墙处的朴素构件，虽与其他石雕构件相比略显逊色，但依旧为屯堡民居的独特装饰（图2-11-5）。

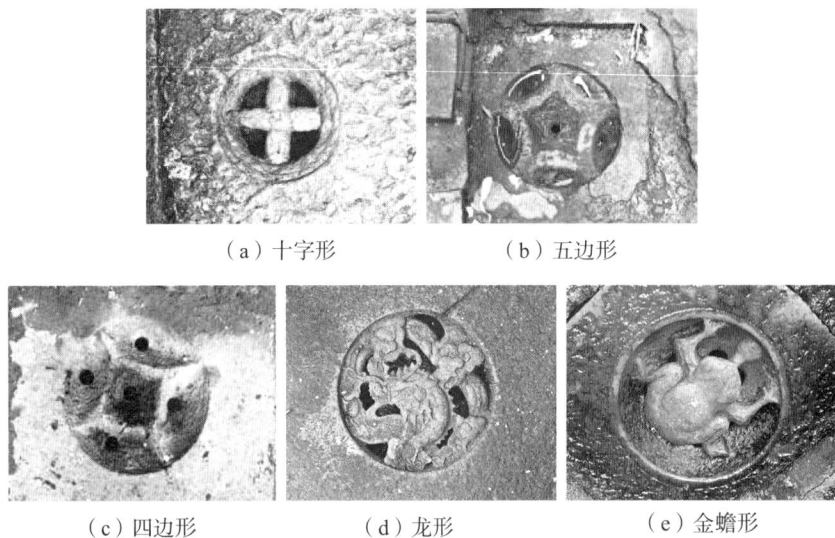

（a）十字形　　　　　　　　（b）五边形

（c）四边形　　　　（d）龙形　　　　（e）金蟾形

图2-11-4　湘黔滇驿道走廊中段屯堡民居石地漏装饰

（a）象脚石　　　　　　　　（b）龙口

图2-11-5　湘黔滇驿道走廊中段屯堡民居象脚石与龙口装饰

4）石雕装饰

屯堡民居中的石雕装饰除集中在石柱础、石地漏、龙口、象脚石等构件处外，其朝门处的基脚石、横梁等位置依旧雕刻有"八仙过海""西天取经""忠孝礼义""福寿双全""瑞草纹""方胜纹"的纹样（图2-11-6）。

图2-11-6　湘黔滇驿道走廊中段屯堡院落民居石雕装饰

第3章

湘黔滇驿道走廊西段屯堡聚落空间基因识别与解析

3.1 湘黔滇驿道走廊西段屯堡地域背景

3.1.1 走廊西段自然地理特征

湘黔滇驿道走廊西段是指安庄卫（今镇宁）以西至昆明区段，属乌蒙山系南伸部分，整体地势北高南低，西北向东南倾斜，东部逐渐向贵州高原倾斜过渡，中部作为金沙江与珠江两大水系分水岭地带，河流侵蚀程度较低，高原面保存较好，形态完整，地貌构造多样。区域内有缓块状高原面同时伴随着高耸的山脉岭脊，还有串珠状湖盆和峭峰林立的岩溶丘原景观及南北分流的水系。地貌以高原山地为主，且高原盆地、高山、低山、中山、河塘和湖盆多种地貌并存，山间河谷纵横交错，地质构造复杂，多溶洞和岩溶地貌。蓄水坝子资源极为丰富，地势高低错落、重峦叠嶂，是兴屯镇守的不二选择，因走廊西段地势变化导致屯堡聚落的分布与规模又受到一定影响并发生演变。

3.1.2 走廊西段社会人文特征

湘黔滇驿道走廊西段迁入的汉族移民，可考证的多因征战、屯田、留戍而来，而屯堡聚落文化空间既是结合云南多民族以及山地地区的特殊场所记忆，也是加上汉族移民带来的农耕文化传统糅合百年的成果，除前义提到西南屯堡总体的社会人文特点外，还有如下区域性文化特征：

1. 民族方言文化：滇东地区现保留下来的古村落多彝族、壮族、布依族等民族。明代所推行土流并治、改土归流的政策中，核心是便于传播儒家等汉文化思想从而方便攘外安内，语言的交流也推动了汉族与当地民族联姻。现云南部分屯堡村寨的村民均以能使用彝、汉双语为荣，同时他们肩负传承相关民俗文化的重任。

2. 花灯文艺：由村寨数十位文艺爱好者自愿组成的表演队每年在村寨及周边村寨表演达二十多场。表演队的道具多样，文艺队伍实力强，每年结合村寨本地的乡土文化特色，创造出具有丰富内涵且健康的文艺节目。

3. 老嬷嬷社祭：每年农历二月十九日、六月十九日和九月十九日，一些村寨会联络周边数十个村落的村民，自愿组织到社庙进行庙会活动，为村寨和家族人祈福平安，并举行形式多样的唱跳活动。老嬷嬷社祭已成为凝聚民心和共建文明乡风的重要平台。

4. 土地老爷地祭：每年农历二月初二，男性村民集体到村庄处的土地老爷祭祀土地。届时，村民烧香磕头，听从仪式主持人的安排，有序进行地祭，兼具各种娱乐活动，祈福平安。土地老爷地祭已成为村民祈求村寨安宁、庄稼丰收的重要民俗活动。

5．石雕、木刻工艺：古村落石雕、木刻工艺技术精湛，祖辈人一直很好地延续传承，村寨古民居建筑上形式多样的石雕、木刻工艺均出自村寨工艺人之手。

3.1.3 走廊西段聚落布局特征

由黔入滇，会明显感觉到地势豁然开阔，明代的文人刘文征就在笔下描写到"风声连海壮，地势入滇平"[81]。相比道路崎岖，平地窄小，水资源分布不均且地表水极易渗透的贵州喀斯特地貌，入境云南后虽仍四面环山，但平地开阔了许多。为了戍守防御、传递文书、沟通联系，明代平定云南后开始大规模开拓驿站和驿道，同时大规模的军事调动与移民随之涌入，在交通驿道上建设了许多军堡，因为云南特殊的战略位置与多民族聚居的特点，久而久之这些驿站和戍防所需的军事基地成了汉族移民的定居点，后来愈加繁重的军情和公文邮递、使团朝贡使得驿站不堪重负，为减轻负担，遂在各条驿道上置军屯田，扩大了汉族移民定居的范围。

湘黔滇驿道走廊西段卫所屯堡聚落呈现横向排列，由连绵起伏的山体和护城河形成三道天然防御屏障，防御线间建交通驿道，设置了大量的卫所屯堡关隘等军事防御基地。在明代移入云南的大量汉族移民中，很大一部分沿交通道路分布，特别是在驿、堡、铺、哨世守定居，构成明代云南汉族移民的重要定居方式，更成为汉族移民深入边远山区和周边民族聚居的扼守要点，并且推动汉族移民沿驿道交通线向云南内部和边疆地区纵深推进的态势，促进云南安内的政治需要以及为周边民族地区社会经济的发展与民族融合创造了条件[82]（图3-1-1）。

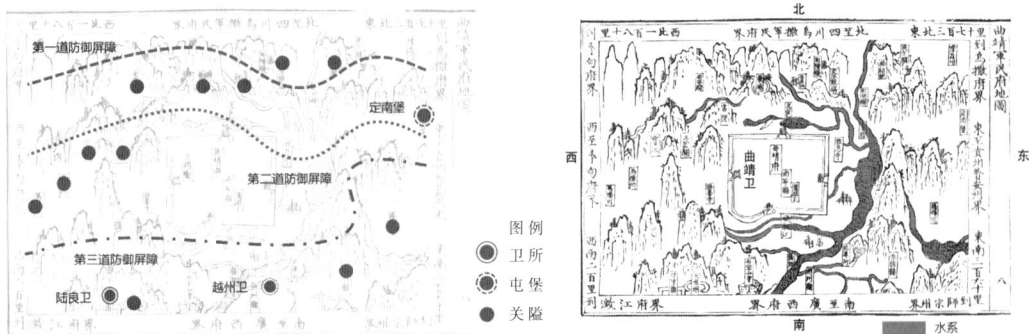

图3-1-1　走廊西段屯堡聚落布局典型示例
（来源：根据万历《云南通志》舆地图 改绘）

3.2 湘黔滇驿道走廊西段特色样本聚落选取

湘黔滇驿道走廊西段跨越贵州与云南，由贵州安庄卫（今镇宁）以西至曲靖，地形高差较大，山地成片分布，区域内海拔900~2600m，呈现出山地多、耕地少的基本特征，屯堡数量受地形因素的制约，较驿道中段地区分布分散，数量也大幅减少。曲靖以西至昆明，地貌又逐渐开阔平坦，而地属昆明的云南前后左右卫等所辖屯堡由于城镇化的影响，卫所屯堡传统空间格局已难以考证。因此，最终选择能突出当地特色，屯堡卫所结构较为完整，且能反映明清时期湘黔滇驿道走廊西段屯堡卫所原型的6个屯堡聚落。这6个聚落根据传统村落档案资料、村内家谱族谱等溯源，聚落始建均为明代屯军汉族移民，包括贵州普安卫屯堡2个，云南曲靖卫（今曲靖及周边）屯堡村落4个，分别为大中村、乐民村（千户所）、箐口村、倘塘镇、雍家村、白古村（表3-2-1）。

走廊西段特色样本聚落选取 　　　　　　　　　　　　　　表3-2-1

村落名称	形成年代	公众认知度高	空间形制完整	历史建筑遗存丰富	明清风俗活态传承
大中村	明代	●	●	●	●
乐民村	明代	●	●	●	●
箐口村	明代	●	●	●	●
倘塘镇	明代	●	●	●	●
雍家村	明代	●	●	●	●
白古村	明代	●	●	●	●

3.3 湘黔滇驿道走廊西段屯堡聚落环境特征因子

3.3.1 走廊西段聚落自然环境空间要素

沿湘黔滇驿道走廊西段步入云南曲靖地段的屯堡聚落体系分布呈北南方向指状布局，顺应山势地貌，与周边山势地形和河流形成"多重封闭、空间聚合"的山水格局特征，由卫星地图可看出走廊西段屯堡聚落多为南北向指状结构，且村落周边山地均会有或大或小的塘坝以供生活用水所需。聚落选址讲究风水堪舆，靠山不近山，临水不傍水。如箐口村交会于四条山脉，背靠凤凰山，面朝南盘江，田坝东侧建有大箐口小塘坝方便耕作浇灌；大中村背靠小营山，北望自然山体，形成南北围合，东西开敞的聚落格局，山体连绵形成天然的防御屏障，白块河贯穿村寨，用水方便；雍家村面朝普山，遥遥相望，山向一路朝南，河流自西北经过村寨流往东南，四周开垦出大片农田；倘塘镇位于东、南、西山环绕的平坝中，倘塘河从东南边依托住村寨，河水从西南向西东北方向流动；白古村靠山环绕，清水河穿越而过，南北各有两处塘坝，峰从洼地的地貌影响了村寨的格局（表3-3-1）。

湘黔滇驿道走廊西段屯堡聚落整体环境格局　　　　表3-3-1

村落名称	大中村	乐民村	箐口村
整体空间格局			
特征	靠山—聚落—田坝—河流—山体	靠山—聚落—河流—田坝	望山—河流—坝塘—聚落—田坝
村落名称	倘塘镇	雍家村	白古村
整体空间格局			
特征	靠山—聚落—河流—田坝	望山—田坝—河流—聚落—田坝	靠山—坝塘—聚落—坝塘—田坝

3.3.2 走廊西段聚落环境格局组合规则解析

从湘黔滇驿道走廊西段屯堡聚落环境格局总体来看，由山体、田坝、聚落、河流水系、坝塘等空间要素组成。以"枕山、环水、面屏"为选址原则，山体自西北向东南蔓延，河流随山体走势流过村寨，总体呈现出西高东低、北高南低的趋势，聚落整体环境格局东西收拢，聚落形态偏狭长，塘坝在屯堡周边方便居民取用，表现出"山体—聚落—田坝—水系—坝塘—山体"的环境序列结构（图3-3-1）。

背山面水、田坝围绕、临水而居、近山而筑的聚落环境格局

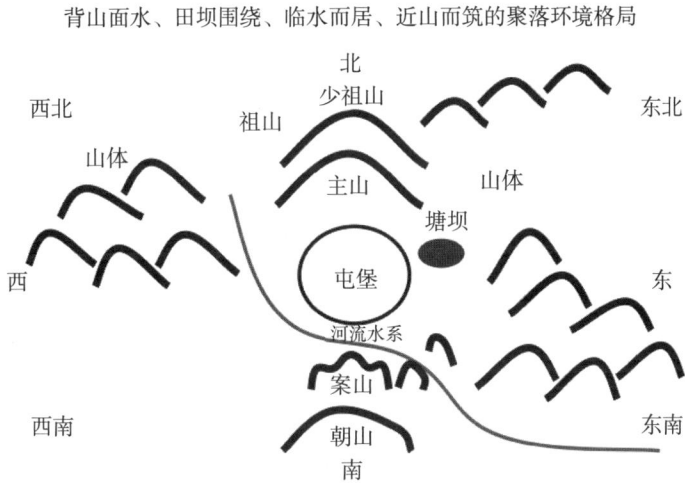

图3-3-1　湘黔滇驿道走廊西段屯堡聚落环境格局组合规则

3.4　湘黔滇驿道走廊西段屯堡聚落形态特征因子

3.4.1　走廊西段聚落形态空间要素

走廊西段聚落主要坐落于乌蒙山系，拥有丰富的河、湖、坝塘等自然环境，受云南特殊的地理气候影响以及屯堡人就地取材，走廊西段聚落空间形态又呈现出不同的边界特征与防御结构。

3.4.2　走廊西段边界形态组合规则解析

借助卫星地图与实地勘察，将大中村、乐民村、箐口村、倘塘镇、雍家村、白古村6个样本村落的核心保护区划分后，对整体边界进行量化分析。根据计算结果可知，湘黔滇驿道走廊西段屯堡聚落整体边界形态特征偏向团状和指状结构，团状聚落如箐口村、倘塘镇、雍家村，长宽比λ在1.14～1.38，差别较小，形状指数S分别为1.32、1.19、1.69；团状倾向的指状聚落如乐民村、白古村，长宽比λ分别为1.09、0.96，差别较大，形状指数S在2.00以上（表3-4-1）。

村落名称	大中村	乐民村	箐口村
整体边界形态			
长宽比λ	2.04	1.09	1.38
形状指数S	1.34	2.68	1.32
边界形态特征	带状聚落	团状倾向的指状聚落	团状聚落
村落名称	倘塘镇	雍家村	白古村
整体边界形态			
长宽比λ	1.14	1.24	0.96
形状指数S	1.19	1.69	2.05
边界形态特征	团状聚落	团状聚落	团状倾向的指状聚落

3.4.3　走廊西段外部防御组合规则解析

湘黔滇驿道走廊西段屯堡聚落外部防御规则共有三种，即自然山水结合式、户自为堡式和串联式（图3-4-1）。串联式例如雍家村，指通过复合型格局将每家每户排列，虽各自独立但自成体系，相互连接、户户贯通，呈现"迷宫式"的街巷空间格局，从而抵御外部势力入侵。自然结合式格局为背靠山体，顺应山脉走势而建造屯堡聚落，更有甚者，利用山体层峦叠嶂，修建一条山路通其山顶，修建营盘，从而达到躲避土匪和灾祸的目的，例如大中村。户自为堡式例如箐口村，现保留下来的张举人修葺的居所，除了高达6m的院墙外，还在院口搭建了一处碉楼，以达到俯视全村预防外敌入侵的目的，三所院落并排连接，互相连通，除了防御外敌，还为了防止飞禽猛兽的袭击，从而能快速逃脱寻求他处庇护（表3-4-2）。

（a）自然山水结合式　　　（b）户自为堡式　　　（c）串联式

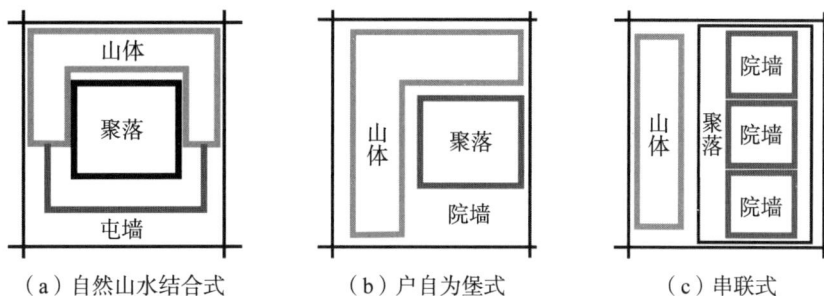

图3-4-1　湘黔滇驿道走廊西段屯堡聚落外部防御共性特征

湘黔滇驿道走廊西段屯堡聚落外部防御组合规则　　　表3-4-2

村落名称	大中村	乐民村	箐口村
聚落边界防御			
特征	自然山水结合式	自然山水结合式	户自为堡式
村落名称	倘塘镇	雍家村	白古村
聚落边界防御			
特征	自然山水结合式	串联式	自然山水结合式

3.5　湘黔滇驿道走廊西段屯堡聚落格局特征因子

3.5.1　走廊西段聚落格局空间要素

湘黔滇驿道走廊西段屯堡聚落多是家族聚居，如白古唐氏、雍家雍氏、箐口张氏，一时家族盛大，财力雄厚，常被匪盗觊觎，抢夺财物，纵火烧房屡犯不止。基于防御性

（a）雍家村水阁顶上的葫芦和瓦猫镇守
——"风水要位"

（b）箐口村呈祥寺庙构建布局
——精神信仰

（c）白古村对外防御——厚墙窄巷

（d）箐口村瞭望碉楼——守哨御敌

图3-5-1 湘黔滇驿道走廊西段屯堡风水镇守建筑
［来源：图（a）（c）自摄，图（b）（d）徐武 摄］

和生活性需求，走廊西段聚落空间典型要素为高度围合的民居围墙、负责瞭望的碉楼、狭窄复杂的网格街巷，以及注重五行平和的建筑布局，彰显礼教秩序和精神信仰所修筑的祠堂、衙署、庙宇等公共建筑多与大街组合，形成重要公共空间集散场坝（图3-5-1）。

3.5.2 走廊西段空间结构组合规则解析

1. 整体空间结构

从对大中村、乐民村、箐口村、倘塘镇、雍家村和白古村的聚落空间组合分析可知，湘黔滇驿道走廊西段屯堡聚落整体空间结构可划分为主街中轴式和核心组团式，其中核心组团式较多，如箐口村、雍家村和白古村，体现出"团体格局"的家，以院落为组团的核心，有序组合排列。雍家村，家家都是四合院，整个村坐东朝西，据说是附近山脉自西向东走又向南蜿蜒折回，于是房屋也坐东朝西了，在村南、村北、村西各有一道大门，进入大门后是通往各家各户的巷道，形成网状式闾巷布局，体现了一定的防御功能。以主街中轴式为聚落整体结构的如大中村和乐民村，牌坊、凉亭、会馆、屯门、场坝等公共建筑、信仰及场所空间有序罗列在主街上。乐民村聚落以北门—凉亭连线为轴线，沿轴线布局有上牌坊—江西会馆（已毁）—下牌坊—凉亭等建筑物。大中村的整体空间格局围绕主轴线呈现出放射状的布局特点。聚落以主街—大庙连线为轴线，建筑沿轴线分列两侧有序布局。各条主巷道形成网格状的街巷结构，中心放射关系明显而清晰（表3-5-1、图3-5-2）。

湘黔滇驿道走廊西段屯堡聚落空间结构组合规则　　　　　表3-5-1

村落名称	大中村	乐民村	箐口村
整体空间结构			
特征	主街中轴式	主街中轴式	核心组团式
村落名称	倘塘镇	雍家村	白古村
整体空间结构			
特征	核心组团式	核心组团式	核心组团式

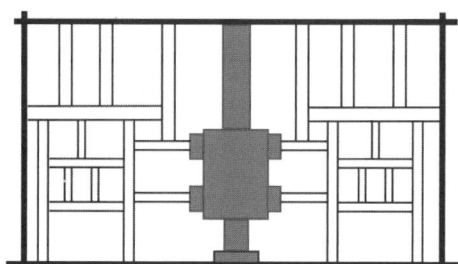

（a）主街中轴式

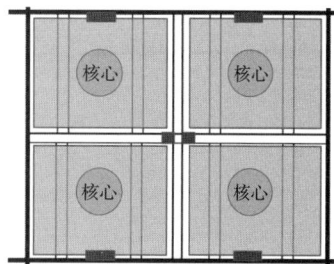

（b）核心组团式

图3-5-2　湘黔滇驿道走廊西段屯堡聚落空间结构共性特征

2．空间渗透性、可达性与还原性

利用空间句法处理分析湘黔滇驿道走廊西段聚落街巷结构可知，样本聚落的连接值区间在2.18~2.67，集成度区间为0.31~0.99（表3-5-2）。从轴线图像分析可知，聚落场坝主街色调为红色和橙色，多为公共活动的举行地点，连接度较好，可达性高，是聚落最有活力的区域。而聚落内部路巷之间曲径迷离、迂回转折，空间渗透性与可达性较低。走廊西段聚落的可理解度区间为0.20~0.58，说明从局部空间所视结构，对建立起整体空间系统的图像能力较弱，较难对整体空间结构作引导，聚落空间的局部自明性较为一般。三个数值表明：湘黔滇驿道走廊西段聚落主街与场坝组合的部分通畅，其余"细枝末节"的小巷难以行走，起到防御外来侵扰的作用，保证了族人偏隅而安的生活。总体而言，驿道西段聚落自明性较低，与周边空间联系稀疏。

湘黔滇驿道走廊西段屯堡聚落空间句法分析　　　　　表3-5-2

村落名称	大中村	乐民村	箐口村
连接值			
	2.27	2.22	2.51
集成度			
	0.46	0.99	0.72
可理解度			
	$R^2=0.53$	$R^2=0.22$	$R^2=0.58$

村落名称	倘塘镇	雍家村	白古村
连接值			
	2.67	2.18	2.35
集成度			
	0.47	0.65	0.31
可理解度			
	$R^2=0.20$	$R^2=0.56$	$R^2=0.25$

3.5.3 走廊西段平面形态组合规则解析

1. 建筑密度

研究借助聚落建筑密度的量化分析方法，通过对大中村、乐民村、箐口村、倘塘镇、雍家村、白古村6个样本村落进行聚落建筑密度的量化分析发现，建筑密度均值为40.7%。其中，雍家村、箐口村、大中村均处于高密度区间；乐民村、倘塘镇、白古村均属于中密度。从数据分析结果看来，湘黔滇驿道走廊西段屯堡聚落的平面总体呈现出空间分布均匀的特征，建筑密度适中。

2. 公共空间分维值

同样研究利用公共空间分维值的聚落平面形态量化方法，为湘黔滇驿道走廊西段绘制了各样本屯堡聚落的公共空间图斑并进行量化分析。结果表示，在这6个样本屯堡聚落的公共空间图斑中，有4个为高分维值（乐民村、箐口村、倘塘村、雍家村）；2个为中分维值（大中村、白古村），整体均值为1.50，处于高分维值区间。由此可知，湘黔滇驿道走廊西段屯堡聚落公共空间整体建筑布局紧凑，空间利用率较高，结构性强（表3-5-3）。

湘黔滇驿道走廊西段屯堡聚落平面形态组合规则　　　表3-5-3

村落名称	大中村	乐民村	箐口村
建筑密度图斑			
建筑密度	42%（高密度）	37%（中密度）	42%（高密度）
公共空间分维值			
分维值	1.48（中分维值）	1.53（高分维值）	1.50（高分维值）
村落名称	倘塘镇	雍家村	白古村
建筑密度图斑			
建筑密度	38%（中密度）	51%（高密度）	34%（中密度）
公共空间分维值			
分维值	1.50（高分维值）	1.52（高分维值）	1.48（中分维值）

3.6 湘黔滇驿道走廊西段屯堡聚落场所特征因子

3.6.1 走廊西段聚落场所空间要素

湘黔滇驿道走廊西段屯堡聚落场所空间由阁、祠庙、署衙、场坝、井台等标志性场所空间组成，它们既是家族建立秩序、宣示礼法与教化的空间，也是举行乡里仪式之场所。相对于湘黔滇驿道走廊中段、东段，西段入滇的屯堡聚落场所空间具有明显的地域特色。

3.6.2 走廊西段祠庙署衙空间组合规则解析

湘黔滇驿道走廊西段聚落中的祠庙衙署作为汉族文化精神与汉族权力象征场所具有两种空间组合规则，即核心式与分离式。核心式多紧靠屯门、场坝或氏族家院，其权威性和重要地位象征性不言自明，如雍家村护国寺（原名得胜寺），是村寨人祭祀祖先，每年举行还愿等祭祀活动的核心地点。分离式则布置到远离聚落的旁边山顶处，以大中村、箐口村最为典型，特别是箐口村的呈祥寺保留完整，建筑功能完好，庙堂原是张氏养子后人林氏所建，又称作林氏庙，供奉地藏菩萨、西侧为财神殿，并修有偏殿以方便香客休憩，20世纪60年代作为小学学堂，如今作为村民祭祀、拜祖拜佛神的重要公共空间（表3-6-1、图3-6-1、图3-6-2）。

湘黔滇驿道走廊西段屯堡聚落祠庙署衙空间组合规则　　　　　　表3-6-1

村落名称	大中村	乐民村	箐口村
分布位置	分离式	—	分离式
祠庙衙署名称	邓家祠堂、陈家祠堂、大庙、小庙	—	呈祥寺
平面形式	一进制合院式、遗址、遗址、遗址	—	一进制

村落名称	倘塘镇	雍家村	白古村
分布位置	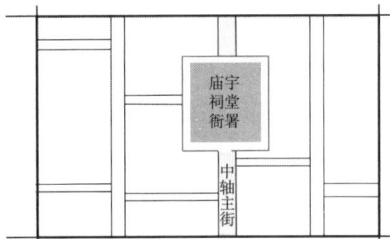核心式	核心式	分离式
祠庙衙署名称	倘塘镇署衙	护国寺	土地庙
平面形式	四合院	一进制	四方形

（a）核心式　　　　　　　　　（b）分离式

图3-6-1　湘黔滇驿道走廊西段屯堡聚落祠庙衙署空间共性特征

（a）雍家村护国寺　　　　　　　　（b）箐口村呈祥寺

（c）倘塘镇署衙　　　　　　　　（d）大中村陈家祠堂遗址

图3-6-2　湘黔滇驿道走廊西段屯堡聚落祠庙署衙空间样本图示

［来源：图（a）（c）自摄，图（b）徐武 摄，图（d）羊场乡大中村保护与发展规划 提供］

3.6.3 走廊西段场坝空间组合规则解析

驿道走廊西段聚落场坝空间设置较为灵活，它或是当时屯兵驻守需操练的练兵场，如大中村；或与屯堡内祠堂、寺庙等公共建筑紧密结合布置，方便为村寨人举行大型公共活动提供相应场所，如雍家村、箐口村，形成标志性节点空间。根据样本平面形式归纳总结可分为中轴核心式和核心组团式（表3-6-2、图3-6-3、图3-6-4）。

湘黔滇驿道走廊西段屯堡聚落场坝空间组合规则　　　　表3-6-2

村落名称	大中村	乐民村	箐口村
分布位置			
平面形式	中轴核心式	中轴核心式	核心组团式
村落名称	倘塘镇	雍家村	白古村
分布位置			
平面形式	核心组团式	核心组团式	核心组团式

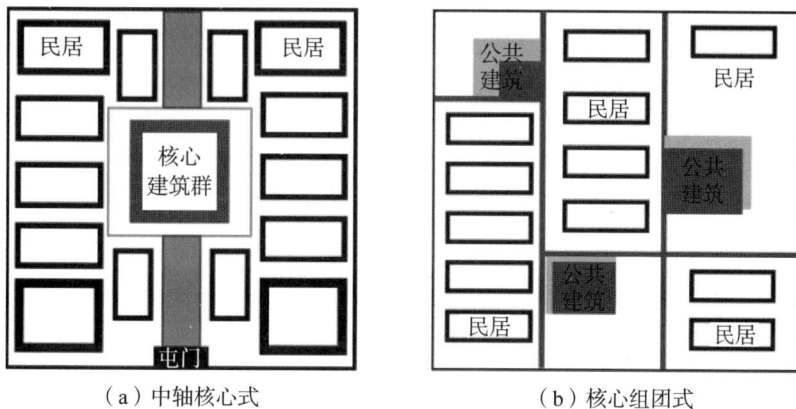

（a）中轴核心式　　　　　　（b）核心组团式

图3-6-3　湘黔滇驿道走廊西段屯堡聚落场坝空间共性特征

（a）白古村场坝　　　　　　　　　　　　　（b）箐口村场坝

（c）乐民村场坝

图3-6-4　湘黔滇驿道走廊西段屯堡聚落场坝空间样本图示

［来源：图（a）（c）自摄，图（b）张仕瑞 摄］

3.6.4　走廊西段井台水阁空间组合规则解析

　　驿道走廊西段屯堡聚落钻井修筑水阁，一是为了保证村民日常生活用水，二是遵循一定的风水理念，按照"金木水火土"相生相克、阴阳调和而建造。根据分布位置可分为分离式与入院式，同时存在独立式与树庙结合式井台空间。入院式可简单理解为方便大院内居民挑水使用，由于古时技术限制，凿井需要耗费财力、物力、人力，只有大户人家才用得上，例如箐口村，全村共有4口古井，其中3口古井分别在文、武举人及进士院内；分离式一般位于聚落四周或边缘处，典型如乐民村周边为便捷用水凿建的三座古井，以及雍家村因村寨多患火灾，为平衡风水而修建的西南角处水阁（表3-6-3、图3-6-5、图3-6-6）。

表3-6-3

湘黔滇驿道走廊西段屯堡聚落井台水阁空间组合规则

村落名称	乐民村	箐口村
分布位置		
平面形式	分离式	入院式+分离式
村落名称	雍家村	白古村
分布位置		
平面形式	分离式	入院式

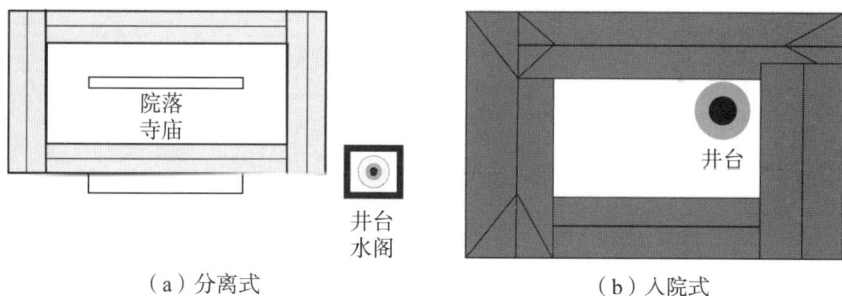

（a）分离式　　　　　　　　　　（b）入院式

图3-6-5　湘黔滇驿道走廊西段屯堡聚落井台水阁空间共性特征

（a）呈祥寺水井　　　　（b）箐口村井台　　　　（c）白古村井台

图3-6-6　湘黔滇驿道走廊西段屯堡聚落井台水阁空间样本图示

［来源：图（a）（b）徐武 摄，图（c）自摄］

3.7 湘黔滇驿道走廊西段屯堡聚落街坊肌理特征因子

3.7.1 走廊西段聚落街坊肌理空间要素

驿道走廊西段聚落街坊由主要街道划分聚落空间,以"街"或同等级道路划分出街坊(表3-7-1)。因山势险峻、交通不便,军粮需求无法满足,为了解决这一问题,明朝政府除了将土官上缴的粮食纳入军粮系统外,还动员各地商人提供粮食,所以走廊西段的街巷结构形成起源于城铺的兴建,马帮走商往来云集,各类店铺兴起。同时基于"屯军守城"的防御要求,巷道复杂多变,便于隐藏,对于熟悉村寨环境的军民来说,可以形成有利的防守进攻模式。

湘黔滇驿道走廊西段屯堡聚落街坊划分 表3-7-1

村落名称	大中村	乐民村	箐口村
街坊划分			
街坊数量	2个	2个	3个
村落名称	倘塘镇	雍家村	白古村
街坊划分			
街坊数量	2个	3个	3个

3.7.2 走廊西段街坊序列关系组合规则解析

走廊西段的屯堡聚落由于多是户自为堡的防御特性，从街坊序列的角度来看，多狭长弯折的巷路以及高高围合的院墙，院与院之间设置栅门，白天开放夜晚关闭，防止夜间盗贼偷窃，高墙深巷的街坊给人以逼仄和排外的感受。由于此段民居的围合度极高，街巷两旁建筑几乎不开窗口，典型的以家家户户设置门闩作为防御装置，院落群组便构成了基本的空间组合要素。分析样本聚落，可以解析该段走廊的街坊序列结构分别由：街—院落组—巷—屯墙、街—栅门—院落组—巷—屯墙、街—院落组—公共建筑—巷、街—院落组4种形式（表3-7-2）。

湘黔滇驿道走廊西段屯堡聚落街坊序列组合规则　　　表3-7-2

村落名称	大中村	乐民村	箐口村
空间形态图示			
组合关系	街—栅门—院落组—巷—屯墙	街—院落组—巷—屯墙	街—院落组—巷—合院—院墙
村落名称	倘塘镇	雍家村	白古村
空间形态图示			
组合关系	街—院落组—公共建筑—巷	街—院落组—公共建筑—巷	街—院落组

3.7.3 走廊西段建筑群体组合关系组合规则解析

湘黔滇驿道走廊西段屯堡空间布局多为行列式组合，同时受云贵高原山地丘陵多、平原少的地形影响，该段驿道民居建筑从传统的合院式向内缩小，布局变得灵活，既可以单个存在也能联排布局，形成以高立的屯（院）墙，单、联组合建筑，组成双向结构，即：不但有纵向的（即层次上的）逐级构成方式还有横向的（非层次上的）并置组合方式[83]（表3-7-3、图3-7-1）。最终使聚落展现出"双向构成""高墙深院""中轴对称"的街坊及建筑簇群空间布局。

湘黔滇驿道走廊西段屯堡聚落建筑群体组合规则　　　　表3-7-3

村落名称	大中村	乐民村	箐口村
空间形态图示			
组合关系	行列式	行列式	行列式
村落名称	倘塘镇	雍家村	白古村
空间形态图示			
组合关系	行列式	行列式	行列式

"双向构成""高墙深院""中轴对称"的街坊及建筑簇群肌理

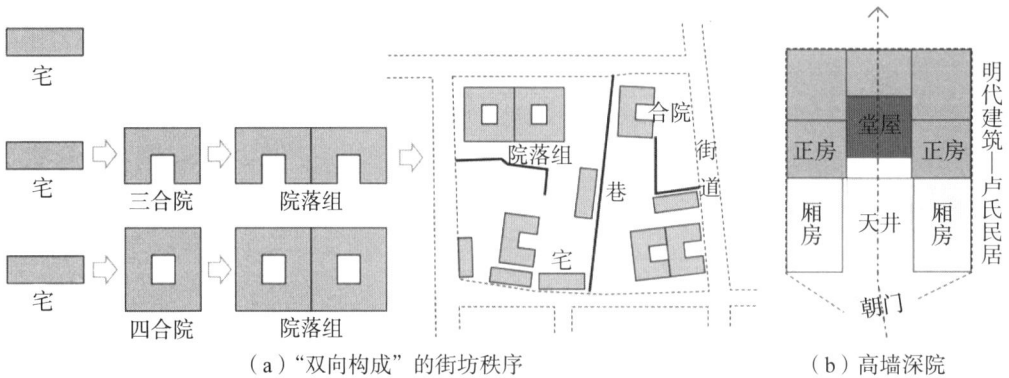

（a）"双向构成"的街坊秩序　　　　　　　（b）高墙深院

图3-7-1　湘黔滇驿道走廊西段屯堡聚落建筑群体组合规则共性特征

3.7.4 走廊西段街坊军事布局组合规则解析

湘黔滇驿道走廊西段聚落多以自然山体为屏障，借助山形地势沿着聚落外围构筑屯墙，屯墙以结合建筑或院落的围墙为主，以此形成封闭的聚落外围防御空间，并在主街入口处构筑起屯门，现仅存少量的屯墙遗存及屯门遗址，屯墙、屯门共同建构起聚落第一道防御体系；村寨内部多以1～3条主巷道和多条次要巷道纵横交错，相互连通，将聚落划分为若干区域，在主巷和支巷的相接处建有龙门，同驿道中段屯堡聚落栅门，发生战争时各处龙门便会关闭，形成独立的防御单元，各单元采取"关门打狗"的形式歼灭来犯之敌，大大增强了聚落的防御性，以此构建起村寨的第二道防御体系；民居是聚落防御体系的基本组成单元，村寨内部各巷道的围合方式借助砌筑的民居院落围墙以及建筑外墙形成连续的巷道界面，驿道西段聚落常见的民居院落形式有三合院和四合院，并且结合碉楼布局，院墙、碉楼构筑起了第三道防御体系。除此之外，大中村有一处营盘遗址建于险峻陡峭的小营山山顶上，营盘城墙倚山头岩石而建，城墙用石头砌成，围墙上设有枪口，不仅是村民放哨和躲避战乱的地方，也象征着在战乱时期寻求心理安慰和对安定生活的渴望，展现了屯堡人长期处于战争纷扰中对和平生活的向往（图3-7-2）。

"中街主轴"，建筑沿线有序分布，屯墙围合向内聚合

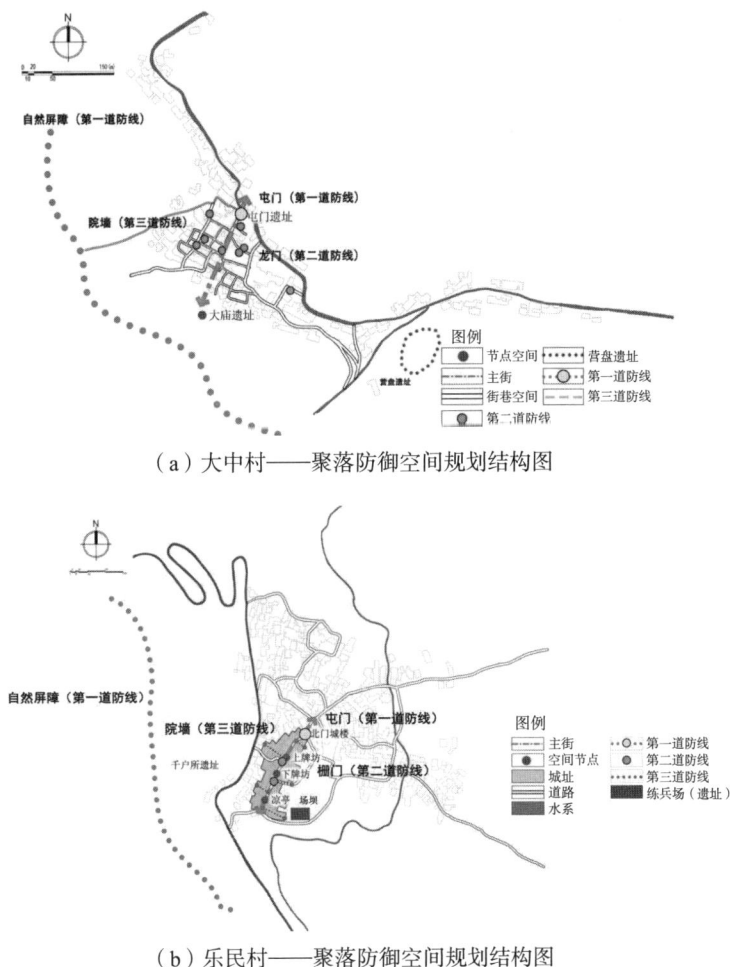

（a）大中村——聚落防御空间规划结构图

（b）乐民村——聚落防御空间规划结构图

图3-7-2　湘黔滇驿道走廊西段屯堡聚落街坊军事布局组合规则

3.8 湘黔滇驿道走廊西段屯堡聚落宅院街巷关系特征因子

3.8.1 走廊西段聚落宅院街巷空间要素

湘黔滇驿道走廊西段屯堡聚落以主街为中心，多条巷道向主街两侧延展并发散，院落临街巷四周紧密而建，零星分布，呈现大集中小分散、层层相叠连片集中的布局特点。院落建筑多以坐西朝东，因地而建，呈现出错落有致、层次分明的聚落街巷空间。

3.8.2 走廊西段街巷整体布局组合规则解析

湘黔滇驿道走廊西段屯堡的街巷布局错综复杂，院落布局与巷路如同蛛网般交织布局，且在重要巷口设置巷门阻隔，大大增加了街巷的通过难度，使得企图入侵的盗贼往往被困其中，样本聚落街巷布局组合规则归纳为不规则网格状。

聚落布局背靠山体设置外围防御设施，而村落内部联通，以主街结合多条主巷道组成街巷支撑骨架，联合多条支巷道形成方格网络，可看出样本聚落中大中村、乐民村为中轴鱼骨状街巷，箐口村、倘塘镇、雍家村、白古村均呈现明显的不规则网格状街巷组合模式（表3-8-1、图3-8-1）。

湘黔滇驿道走廊西段屯堡聚落街巷整体布局组合规则　　表3-8-1

村落名称	大中村	乐民村	箐口村
整体空间结构			
特征	中轴鱼骨状	中轴鱼骨状	不规则网格状
村落名称	倘塘镇	雍家村	白古村
整体空间结构			
特征	不规则网格状	不规则网格状	不规则网格状

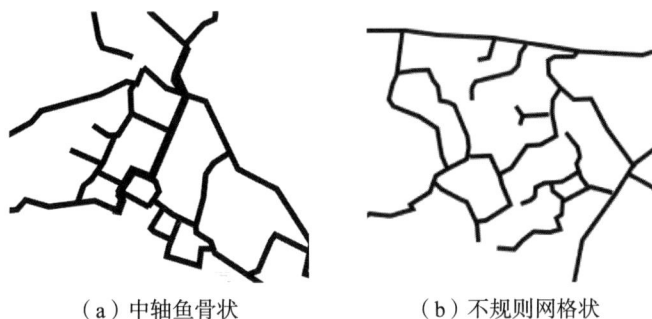

（a）中轴鱼骨状 　　　　　　（b）不规则网格状

图3-8-1　湘黔滇驿道走廊西段屯堡聚落街巷整体布局共性特征

3.8.3　走廊西段街巷交叉口形式组合规则解析

西段屯堡聚落内部主巷道与次巷道的交叉口有"U"形、"T"形、"Y"形、十字错位形、多向发散形等形式。次巷道汇聚两条主巷道，两条主巷道汇聚主轴街道的网格街巷空间，街巷和建筑共同形成的"拓扑"式空间便于隐蔽，村内巷道复杂多变，便于隐藏，对于熟悉村寨环境的军民来说，可以形成有利的防守进攻模式（图3-8-2）。

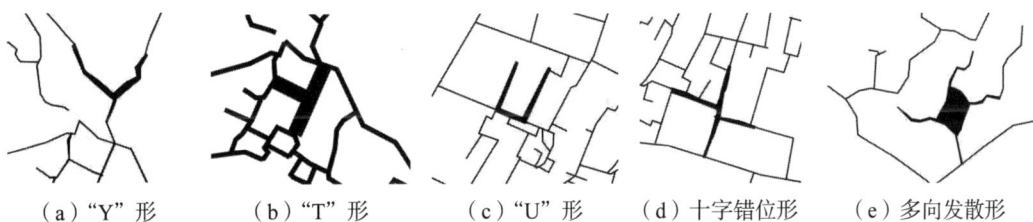

（a）"Y"形　　　（b）"T"形　　　（c）"U"形　　　（d）十字错位形　　　（e）多向发散形

图3-8-2　湘黔滇驿道走廊西段屯堡聚落街巷交叉口形式组合规则

3.8.4　走廊西段街巷界面形态组合规则解析

1．街巷水平维度

为更深入解读湘黔滇驿道走廊西段屯堡聚落街巷空间，通过测算街巷界面密度，建筑贴线率量化指标，从而展现街巷界面水平维度（表3-8-2）。根据数据处理可知，西段屯堡聚落的街巷界面密度均值约为53%，数值在44%~61%，相较于驿道中段数值在60%~80%，西段聚落街巷界面密度数值低一个维度，这是为灵活适应复杂地形而产生的空间演变，符合退台布局这一空间秩序特征；建筑贴线率均值约为53%，道路阻断、建筑与建筑间隔不齐，布局多变是该段聚落建筑与街巷组合的最大特征。各民居院落以巷道为分界线形成独立封闭内聚的防御单元；暗巷多，院落内部碉楼只能从隐蔽道路进入，外部又通过石拱门与巷道相连，既独立又整体，是特定历史环境下形成的特殊民居院落形式，体现了屯堡人优先考虑防御功能的建筑营造理念。

湘黔滇驿道走廊西段屯堡聚落街巷界面水平维度数据　　表3-8-2

村落名称	街巷界面密度（%）	建筑贴线率（%）
大中村	45	45
乐民村	61	64
箐口村	44	40
倘塘镇	58	61
雍家村	56	54
白古村	53	56

2．街巷垂直维度

驿道西段聚落主街相较宽敞，宽3～8m；而次巷狭窄繁多，宽1～3m，巷道连接于主街后延伸交错，建筑外围合的均是高立的院墙，最高至6.5m左右。通过宽高比的量化计算可知，规模较大或主街结合场坝的聚落，例如倘塘镇、乐民村，街巷宽高比数值达1.08、1.23，其余样本聚落数值在0.28～0.69之间，总体呈现高墙深院的街巷垂直空间特征（表3-8-3）。

湘黔滇驿道走廊西段屯堡聚落街巷宽高比　　表3-8-3

村落名称	大中村	乐民村	箐口村
立面界面形态			
宽高比	$D/H=0.32$	$D/H=1.23$	$D/H=0.65$
村落名称	倘塘镇	雍家村	白古村
立面界面形态			
宽高比	$D/H=1.08$	$D/H=0.28$	$D/H=0.69$

3.9 湘黔滇驿道走廊西段屯堡聚落庭院建筑特征因子

3.9.1 走廊西段聚落庭院建筑空间要素

走廊西段聚落庭院建筑多为"天井"式民居，由庭院天井、正房、耳房、花厅、照壁等要素构成，其庭院建筑空间的构建反映了儒家"礼乐"的精神，各空间要素在遵循轴线主从关系上，能根据实际用地情况以及家族地位进行灵活规划设计。

3.9.2 走廊西段院落形制组合规则解析

驿道走廊西段屯堡聚落内的传统民居以"一"字形排屋、三合院、四合院（包含"一颗印"四合院），以及特殊的"半颗印"联排式民居组成的"山"字形院落为主（图3-9-1）。聚落民居大多"一"字形排屋，规模按居民自身能力建设，开间为单数，有3间、5间、7间，必要时从山墙设矮间或挂厢房为耳间，逐步形成三合院的平面布局。城内的传统建筑多四合院形制，建筑营建层次分明、尊卑有序。此外，名门望族或者官宦世家多建造四合院，世代传承居住，面阔有三间、五间、七间，明间供奉家神，兼作客厅和餐厅，也是家庭主要的室内活动场所，两次间主要作为卧室。四合院中的"一颗印"民居由徽派建筑演变而来，基本规则为"三间两耳倒八尺"，且一般正房比两侧厢房要高　些，整体方形如印章，因此得名"一颗印"。一般由上下两层组成，内部空间格局按照"暗—明—暗"组成，明间为客堂，一般明间一层作为餐厅或者居室，二层明间作储粮室。耳房底层多为厨房、杂物间及牲畜房，上层则以卧室为主[84]。而西段特有的"山"字形民居即"半颗印"联排式民居，是"一颗印"民居的简化，并进行排列组合。保留一侧耳房，增强院内住人的互动性，出现任何突然事件以便好互相通报，互通有无。典型如箐口村文、武举人故居，武举人老宅总体布局为七间四耳两厅五偏质三院落。三大门为官武房，中间大门雕刻有花鸟，房两边盖有碉楼（图3-9-2）。

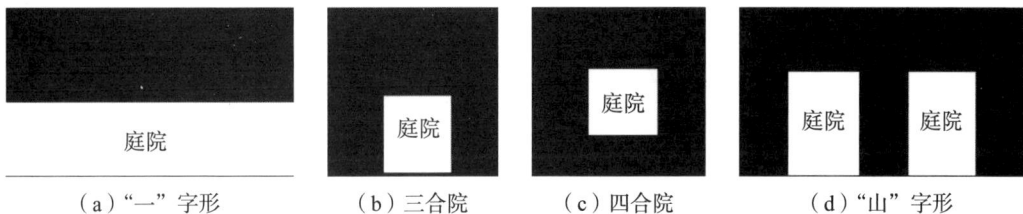

（a）"一"字形　　（b）三合院　　（c）四合院　　（d）"山"字形

图3-9-1　湘黔滇驿道走廊西段屯堡院落形制组合规则

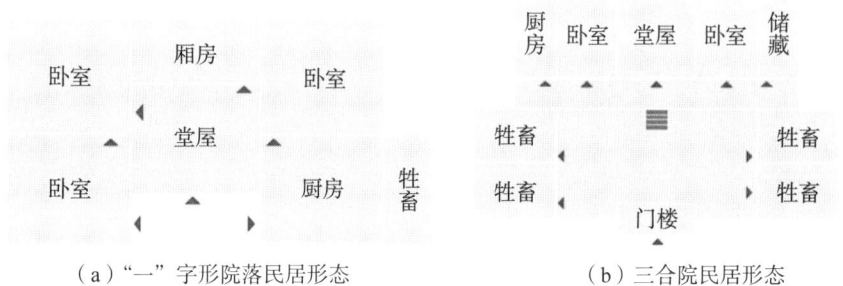

（a）"一"字形院落民居形态　　　　　　　　（b）三合院民居形态

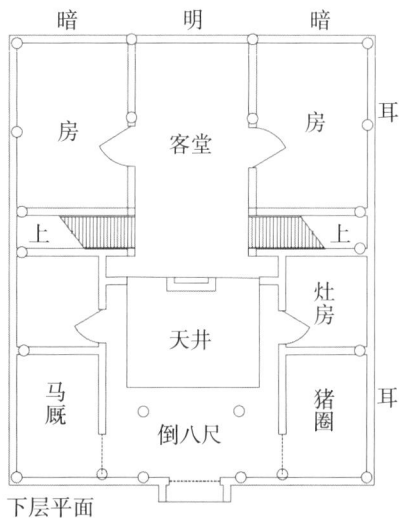

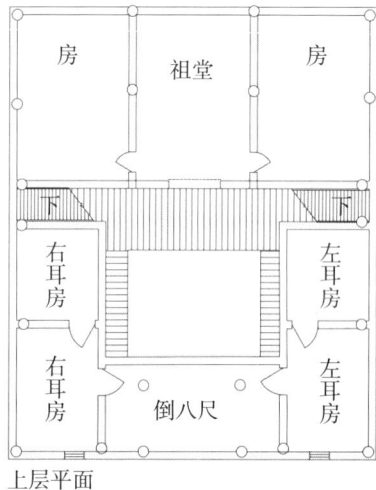

（c）"一颗印"四合院民居形态

（d）"半颗印"和"山"字形民居形态

图3-9-2　湘黔滇驿道走廊西段屯堡院落民居形态

［来源：图（a）（b）（c）自绘，图（d）徐武 摄］

　　院落建筑立面外墙多以规整长条石或不规则石块垒砌，亦出现了土坯墙体，屋面多为瓦顶，内部多采用穿斗式木架结构，其次是抬梁式木架构，总体呈现出外石内木、外土内木的特征。立面墙高窗小，一般只在耳房山墙开小窗洞，建筑立面严谨而封闭，体现了较强的防御特征（图3-9-3）。

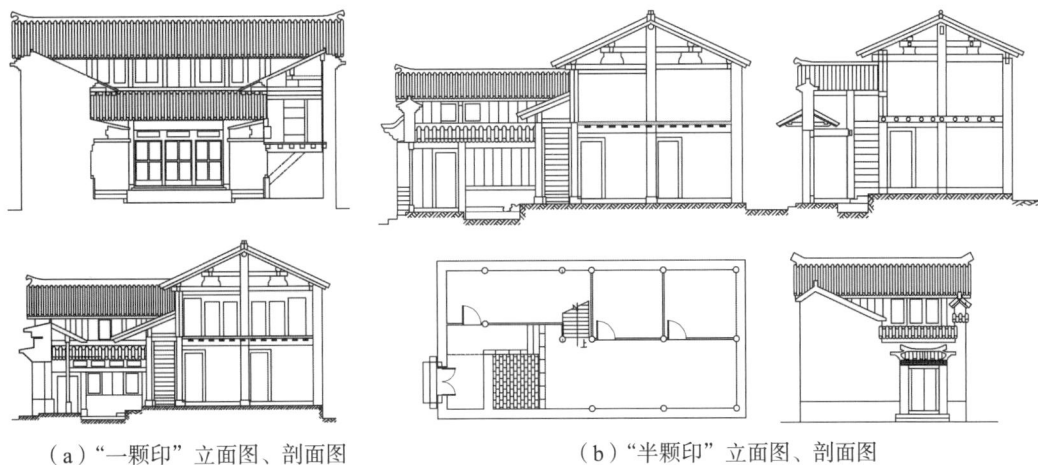

（a）"一颗印"立面图、剖面图　　　　　　　　　　（b）"半颗印"立面图、剖面图

①箐口村某宅

①箐口村民居外观

②白古村某宅

②白古村民居外观

③大中村某宅

（c）民居内部

③大中村民居外观

（d）民居外观

图3-9-3　湘黔滇驿道走廊西段屯堡建筑立面

［来源：图（c）（d）自摄，图（a）（b）源自：杨大禹，朱良文. 云南民居［M］. 北京：中国建筑工业出版社，2009］

3.9.3 走廊西段组群形态组合规则解析

驿道走廊西段每个独立的院落通常由正房、厢房、庭院、石拱门、碉楼和围墙组成。在平面布局上，三合院、四合院民居通常有明显的中轴线，正房处在中轴线上，左右厢房不一定对称；在厢房一侧设有龙门或石拱门与巷道相连，为建筑的主要入口；部分大户人家的院落会在正房一侧修建碉楼，碉楼与建筑院落内部相连。民居院落的正房多为3～5开间，体量较大，面阔15～18m，进深约12m，整个院落占地面积达到几百平方米不等，正房建于台基之上，台基通常高于左右两侧的厢房和门房。正房两侧一般各建有一座厢房，厢房面阔10～16m，进深4～7m，部分设有两层，二层设有走廊，一层则设有龙门或石洞作为该院落的主要入口，也可通至其他民居。

3.9.4 走廊西段庭院规模组合规则解析

对湘黔滇驿道走廊西段屯堡聚落庭院空间率进行量化分析（表3-9-1），其庭院空间率均值为0.20，属于0.1705～0.4689中庭院率聚落数据区间，反映出西段屯堡聚落中建筑围合庭院的平均处于中间水平，相较于中段屯堡聚落体院规模而言适中，通过实地勘察分析，庭院面积可分为小型合院（18～28m²）、中型合院（30～40m²）、大型合院（60～80m²）三种规模，其中中型合院居多（图3-9-4）。

湘黔滇驿道走廊西段屯堡聚落庭院空间率　　表3-9-1

村落名称	庭院空间率	村落名称	庭院空间率
大中村	0.11	倘塘镇	0.24
乐民村	0.26	雍家村	0.18
箐口村	0.23	白古村	0.19

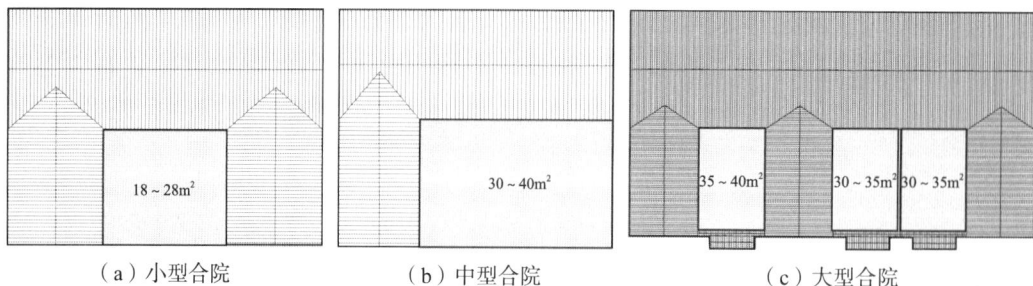

（a）小型合院　　　　　　（b）中型合院　　　　　　（c）大型合院

图3-9-4　湘黔滇驿道走廊西段屯堡聚落庭院规模组合规则

3.10 湘黔滇驿道走廊西段屯堡聚落建筑细部特征因子

3.10.1 走廊西段聚落建筑细部空间要素

驿道走廊西段古民居装饰主要体现在木雕和石雕两个方面。木雕多体现在门、窗、额枋等位置，主要由透雕挂落、隔扇门窗、支摘窗等组成；石雕多体现在屋面、屋脊、柱础等位置，主要由瓦当、石柱础等组成。

3.10.2 走廊西段建筑细部组合规则解析

1．木雕

1）门楼

门作为建筑的主入口，同时是建筑内外空间的重要界线，它既起到防御盗贼、保护院内人员安全的作用，也展现了院落主人的权力、地位和财富。驿道走廊西段屯堡建筑单体大门多取材厚重，门基上为板门，门板实而不透，多为素面，并无雕饰。但无雕饰却有挂落存在，挂落采用透雕工艺。由于透雕工艺颇为复杂，故挂落上所雕花草纹饰为简单图案，图形多为缠枝莲花、牡丹等，但人物造型透雕极为生动、逼真，技艺十分高超。社会地位较高的人家，院落门会打造"八"字形规格，并在门口修台阶，非院落主人进来需弓背，以表示对院主人的尊敬（图3-10-1）。

图3-10-1 湘黔滇驿道走廊西段屯堡院落民居门楼

2）门窗

门窗雕花不仅作为建筑艺术美学的外化展示，更反映了当地居民对平安吉祥的祈求。驿道走廊西段的屯堡民居一般采用隔扇门窗的方式装饰其立面，风格相较于驿道中段显得略为朴素。这些隔扇门多为斜格纹、套方锦纹、"回"字纹、龟背锦纹、海棠纹等样式，门下半部分多雕刻有如意纹饰，象征着屯堡人希望万事万物能如愿；支摘窗的纹路包括风车纹、"卍"字纹、灯笼纹、套方锦纹、步步锦纹等，最多的为一码三箭纹，形似无穷无尽的长箭悬在门窗上，寄予了屯堡人对避除邪恶侵扰的愿望，期望有取之不尽、象征天的力量的武器在此，使得无人敢来冒犯，同时箭是可以捕获很多猎物的武器，是谋取财富的保证，象征了屯堡人在自给自足的社会环境下祈求供给充足和食物丰盈的愿望（表3-10-1）。

湘黔滇驿道走廊西段屯堡院落民居门窗装饰　　　　　表3-10-1

隔扇门	斜格纹	套方锦纹	"回"字纹	斜格纹	龟背锦纹	海棠纹
支摘窗	"卍"字纹	灯笼纹	风车纹	套方锦	一码三箭纹	步步锦纹

3）额枋挂落

挂落是中国传统建筑中额枋下的一种构件，常用镂空的木格或雕花板制作而成。挂落在建筑中常为装饰的重点，常做透雕或彩绘。在建筑外廊中，挂落与栏杆从外立面上看位于同一层面，并且纹样相近，有着上下呼应的装饰作用。而从建筑中向外观望，则在屋檐、地面和廊柱组成的景物图框中，挂落有如装饰花边，使图画空阔的上部产生了变化，出现了层次，具有很强的装饰效果。驿道走廊西段的屯堡民居中，不乏精美绝伦的挂落雕饰，多为海棠花样式，其中典型的代表如箐口村举人老宅，分为三层雕花，顶层刻有祥云纹，中间刻有梅、兰、竹、菊图案，分别刻在四个格中，每一个格子还雕刻有飞禽走兽，有祥瑞之意，最下一层刻有宝瓶样式，两旁香炉香烟萦绕，彰显出不同于寻常百姓的社会地位（图3-10-2）。

图3-10-2　湘黔滇驿道走廊西段屯堡民居额枋挂落雕饰

2．石雕

1）瓦当

瓦当是屋面上覆盖瓦缝的筒瓦最下面一块圆形的端头装饰，其功能主要是保护屋檐，同时也对整体建筑及屋檐起美化作用。由于驿道走廊西段屯堡建筑形制受到汉文化和佛教文化的影响，体现在瓦当上则为装饰莲花纹加外圈宝珠纹、团寿纹加"回"字纹等形式，尤其是举人老宅的瓦当图案，体现了较强的汉族文化和佛教艺术（图3-10-3）。

2）石柱础

驿道走廊西段屯堡聚落民居会在天井四周雕刻柱础，一是为了防止雨水侵蚀柱子而用石材垫起，二是为了美观在上面进行简单曲线雕刻。所以，石柱础一般会雕刻得较高以应对滇黔多雨的季节，防止木制建材被雨水浸泡腐烂。其雕刻图案多为仙鹤、鹿、竹子和兰花等，莲花柱和覆莲柱础最为常见（图3-10-4）。

图3-10-3　湘黔滇驿道走廊西段屯堡聚落瓦当装饰
（来源：徐武 摄）

（a）方形　　　　　（b）灯笼形　　　　　（c）八边柱形　　　　　（d）覆莲形

图3-10-4　湘黔滇驿道走廊西段屯堡民居石柱础装饰

第4章

湘黔滇驿道走廊东段屯堡聚落空间基因识别与解析

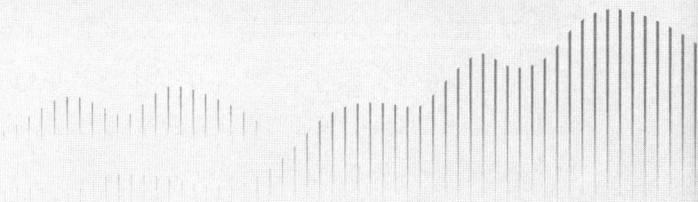

4.1 湘黔滇驿道走廊东段屯堡地域背景

4.1.1 走廊东段自然地理特征

湘黔滇驿道东段线路指从湖广辰州卫（今湖南阮陵）至贵州偏桥卫（今贵州施秉）区段，水陆并行，主要以水路为主。东段线路上水道主要以沅系水道为主，沅系有㵲阳河、清水江、锦江、松桃河，其中，㵲阳河（明代称镇阳江或镇南江）是沅水的主要支流，"清水江为沅水上源，位于贵州省东南部，发源于贵定县云雾山，经黔南、黔东南两自治州的都匀、麻江、凯里、黄平、施秉、台江、剑河、锦屏等县（市）至天柱县的分水溪进入湖南省境，在黔阳纳㵲阳河后称黔江，以下简称沅水。沅水流至辰溪纳辰水（含锦江），至沅陵纳西水（含松桃河），注入洞庭湖"[85]。"沅水航道是一个承载多时期文化、具有悠久历史且多民族文化融合的航线，也是商贸运输的重要航线。主要航线包括：川湘、鄂湘西水航线、湘黔㵲水航线、湘黔辰水航线等"[86]。"沅水水系的支流中属㵲水流域的航道条件较好。㵲水至镇远以下，河道较为宽阔，自始以来航道情况相对稳定，往来商贾舟楫不断。镇远以西，也就是至上游施秉诸葛峡地段，河道逐渐变窄，峡谷丛生，河流多暗礁，航道情况远不及镇远下游一段，所以水路一般在镇远为止，便改为陆行。㵲水虽发源于黄平旧州一带，但是船只通往施秉、黄平却是阶段性的"[87]（图4-1-1）。

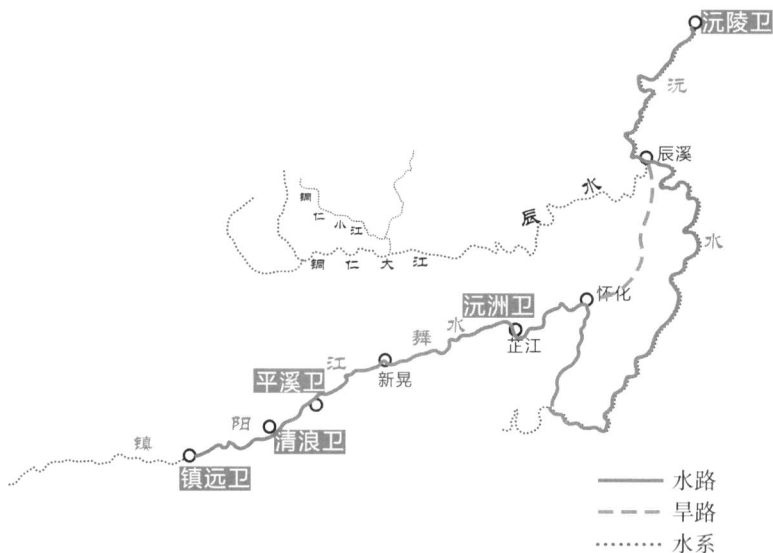

图4-1-1 湘黔滇驿道走廊东段屯堡聚落水系及水陆路

在沅江水系中潕阳河水道是最为重要的水运通道，几乎是云贵客货东出湖广的必经之路，中游镇远作为云贵门户，水陆交汇，上游黄平为航道终点，深入贵州腹地，是重要的客货集散地[88]。

湘黔滇驿道走廊东段地处云贵高原东部延伸地带、贵州省东部，区域内主要山脉为呈东北—西南走向的武陵山脉，最高山脉被誉为"贵州第一山"的梵净山，也是武陵山脉的主峰之一，南部为东—西走向的苗岭山脉。区域内西北东南低，武陵山以东主要为典型的低山丘陵地貌，地势平缓，河流较浅；武陵山以西主要为岩溶山原地貌，山岭众多，河谷穿插其中。区域内河流、峰丛、峡谷等地形地貌复杂，地势连绵起伏，溪流纵横分布，因为水资源较丰富，所以水上交通相较于湘黔滇驿道走廊其他地段较发达，气候属亚热带季风性气候。

4.1.2　走廊东段社会人文特征

除前文中西南屯堡总体的社会人文特点外，还有如下区域性文化特征：

（1）建筑文化：东段由于水运通航，商贾往来，常见会馆建筑。汉族由湖广地区进入云贵高原，汉族聚居也常见宗祠建筑。

（2）傩戏：傩戏是在傩祭仪式活动中逐渐衍变出来的戏剧样式。傩戏的功能具有双重性，宗教的实用性功能和审美的娱乐功能[89]。湘黔滇驿道东段内屯堡中的傩戏文化有仡佬傩、苗傩等。

（3）龙灯：舞龙灯，有祈求神龙保佑风调雨顺、五谷丰登之意，屯堡内有独特的舞龙方式，即滚龙。滚龙，以九根拇指粗的竹篾捆扎连接成龙骨，近五百个直径二尺左右的篾圈等距排列连接成龙身，再以整幅的布画上斑斓的鳞甲，罩在篾圈上。龙头以粗竹拧固成框架，再蒙上事先描绘好龙头模样的布料。全长一般为36～40m，一般都在十六节以上（又称洞），用三十多人轮番舞动①。

（4）宗教信仰：信奉土地菩萨，大多由简单的几块石板堆砌而成。信奉山神，将山岳神化而加以祭拜的场所。明朝时期贵州佛教发展较为繁荣。在黔东地区孕育出了许多佛教名山，如黔东梵净山、思南中和山、铜仁六龙山、万山中华山、施秉云台山、黎平南泉山[90]。

（5）工艺美术：屯堡内现今还保存有精美的木雕、石雕装饰，历史悠久，造型丰富多样，样式有植物图案、几何图案、祥瑞之兽等众多样式，现存的古建筑、门窗等都可以见到精美的雕刻工艺品。

---

① 资料来源：中国传统村落档案——侯溪村。

4.2　湘黔滇驿道走廊东段特色样本聚落选取

　　根据中国传统村落档案，聚落内家谱族谱等溯源，选取证据较为可信且能反映明初湘黔滇驿道走廊东段屯堡原型的5个屯堡聚落，分别为寨英村、邓堡村、真武堡、侯溪屯、罗溪屯。本书的空间研究范围排除了聚落外围新建民居部分，保留完整的屯堡研究范围以原有堡寨墙内部空间为准（表4-2-1）。

走廊东段特色样本聚落选取　　　　　　　　　表4-2-1

村落名称	形成年代	公众认知度高	空间形制完整	历史建筑遗存丰富	明风明俗活态传承
寨英村	明代	●	●	●	●
邓堡村	明代	●	●	●	●
真武堡	明代	●	●	●	●
侯溪屯	明代	●	●	●	●
罗溪屯	明代	●	●	●	●

4.3　湘黔滇驿道走廊东段屯堡聚落环境特征因子

4.3.1　走廊东段屯堡聚落环境空间要素

　　屯堡以屯田和戍守为主，因此选址大多都在峰林洼地、峰林谷底、河谷地带中，形成了"山林、屯堡、水系、田坝"的聚落环境。如寨英村三面被山峰环绕，河流紧挨屯堡水门，搬运货物较为方便；邓堡村、罗溪屯地处山脉环抱的田坝之间，周边平坝较多，河流邻聚落南流淌而过；真武堡背靠大窝岭，面朝远处的观音山，水银河紧邻屯堡；侯溪屯背靠山峰，前有水银河流淌而过（表4-3-1）。

村落名称	寨英村	邓堡村	真武堡
整体空间格局			
特征	靠山—田坝—小江—聚落—小江—望山	靠山—田坝—聚落—普觉河—田坝	靠山—聚落—水银河—田坝—望山
村落名称	侯溪屯	罗溪屯	—
整体空间格局			—
特征	靠山—聚落—水银河—田坝	靠山—田坝—犀牛河—聚落—田坝	—

4.3.2　走廊东段屯堡聚落环境格局组合规则解析

湘黔滇驿道走廊东段屯堡聚落环境格局由山体、聚落、田坝、河流水系等空间要素组合而成，聚落大多背山面水，临水而居，近山而筑；有的聚落离山林较远，修建于田坝之间；也有的聚落依山势而建，总体呈现出"邻山水而建，田坝围绕"的环境格局，"山体—聚落—田坝—水系—山体"的环境序列结构（图4-3-1）。

邻山水而建，田坝围绕的聚落环境格局

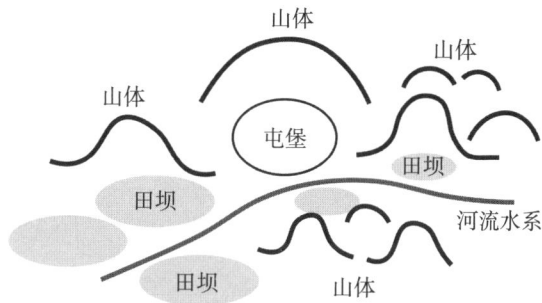

图4-3-1　湘黔滇驿道走廊东段屯堡聚落环境格局组合规则

4.4 湘黔滇驿道走廊东段屯堡聚落形态特征因子

4.4.1 走廊东段屯堡聚落形态空间要素

走廊东段聚落形态受到山体、水系、屯墙、屯门等要素的影响，呈现出不同的聚落边界形态特征和外部防御特征。

4.4.2 走廊东段边界形态组合规则解析

为保证数据的准确性，因此将研究范围主要划分为聚落的核心保护区的边界范围，排除了聚落外围新建建筑，以古城墙或古堡坎为边界的核心保护区作为本研究的空间范围。借助聚落边界形状指数的量化分析方法，对寨英村、邓堡村、真武堡、侯溪屯、罗溪屯5个样本村落进行整体边界形态的量化分析。研究发现，5个样本因聚落环境要素不同，主要呈现的边界形态大体为团状聚落、带状倾向的团状聚落，且聚落规模较小。如寨英村、侯溪屯、罗溪屯均为团状聚落，长宽比λ分布在1.20～1.49之间；形状指数S在1.25～1.45之间；邓堡村、真武堡为带状倾向的团状聚落，长宽比λ均为1.81，形状指数S分别为1.96、1.20（表4-4-1）。

湘黔滇驿道走廊东段屯堡聚落边界形态组合规则　　　　表4-4-1

村落名称	寨英村	邓堡村	真武堡	侯溪屯	罗溪屯
整体边界形态					
长宽比λ	1.48	1.81	1.81	1.49	1.20
形状指数S	1.25	1.96	1.20	1.45	1.43
边界形态特征	团状聚落	带状倾向的团状聚落	带状倾向的团状聚落	团状聚落	团状聚落

4.4.3 走廊东段外部防御组合规则解析

屯堡大多近水而建，既满足生产、生活的需要，又具有一定的防御作用。湘黔滇驿道走廊东段屯堡外部防御主要有两种，第一种是独立式，依靠聚落外围城墙或依靠地形优势，即在聚落外围用大体量的长条、方形石块进行堆砌，将聚落封闭起来，留有寨门，保证聚落和外部畅通，如寨英村以院墙作为防御边界，又如邓堡村、罗溪屯，其中罗溪屯历史上存在东、南、西、北四个古寨门，现已难寻遗迹；第二种是自然山水结合式，利用自然山水围合形成一定的天然屏障，如真武堡、侯溪屯，因历史久远，聚落内的许多古墙都已消失，少数还有古石墙围合成的小巷（表4-4-2、图4-4-1）。

湘黔滇驿道走廊东段屯堡聚落外部防御组合规则 　　　　　表4-4-2

村落名称	寨英村	邓堡村	真武堡
聚落边界防御			
特征	独立式	独立式	自然山水结合式
村落名称	侯溪屯	罗溪屯	—
聚落边界防御			—
特征	自然山水结合式	独立式	—

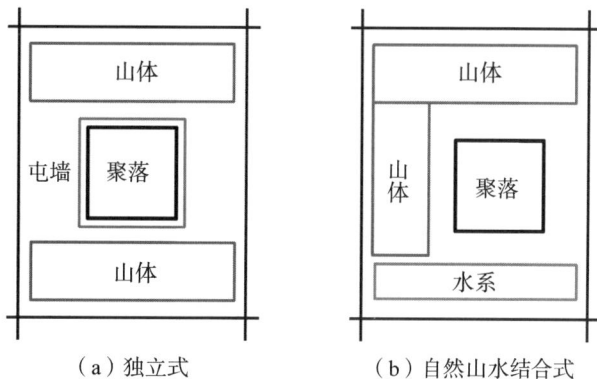

（a）独立式　　　　　　　（b）自然山水结合式

图4-4-1　湘黔滇驿道走廊东段屯堡聚落外部防御共性特征

4.5 湘黔滇驿道走廊东段屯堡聚落格局特征因子

4.5.1 走廊东段屯堡聚落格局空间要素

东段屯堡聚落格局的空间要素由建筑空间、街巷空间和公共空间等组合而成，其空间要素的排列组合序列代表着不同的整体空间结构、空间组织效率以及平面形态等特征。

4.5.2 走廊东段空间结构组合规则解析

1．整体空间结构

驿道走廊东段屯堡的聚落空间结构组合规则可分为主街中轴式和核心组团式两种，主街中轴式主要以聚落主街为聚落空间结构，民居行列分布在主街两侧，次街与主街大多垂直相交，居住单元分布均匀。在5个样本村落中，主街中轴式分布的空间结构有寨英村、邓堡村、真武堡，其中寨英村的场坝、庙宇、屯门、戏台分布于南北垂直的主街与次街上，同时商铺沿街而立，数量繁多；邓堡村的场坝、庙宇、水井、宗祠等公共建筑或公共空间按照封建社会礼制秩序的传统思想序列分布在主街上，民居整齐行列分布在主街两侧；真武堡东侧道路主要承担通行功能，西侧主街作为内部通行，沿线分布庙宇等核心空间，建筑受地形影响，多沿地势而建；空间结构以核心组团式为主的侯溪屯、罗溪屯，聚落规模较小（表4-5-1、图4-5-1）。

湘黔滇驿道走廊东段屯堡聚落空间结构组合规则　　表4-5-1

村落名称	寨英村	邓堡村	真武堡
整体空间结构			
特征	主街中轴式	主街中轴式	主街中轴式

村落名称	侯溪屯	罗溪屯	—
整体空间结构			—
特征	核心组团式	核心组团式	—

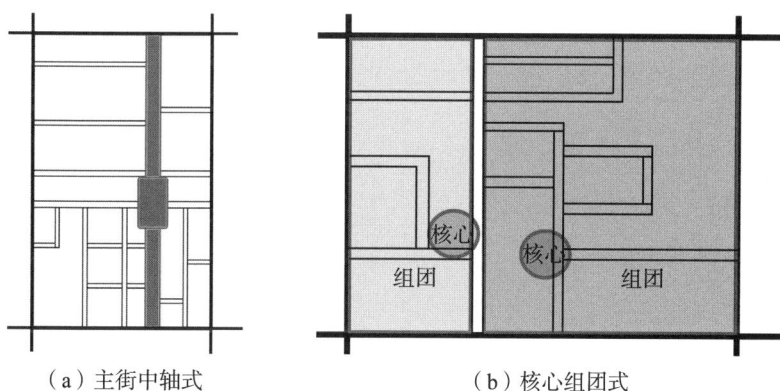

（a）主街中轴式　　　　　　　（b）核心组团式

图4-5-1　湘黔滇驿道走廊东段屯堡聚落空间结构共性特征

2．空间渗透性、可达性与还原性

利用空间句法对5个样本屯堡村落进行分析，通过数据分析得知，样本村落的连接值区间为2.28～2.55，集成度区间为0.37～0.61。聚落连接值与集成值图像相接近，从轴线图像分析，寨英村、邓堡村、真武堡南北向主街所在位置基本呈红或橘色，表明其与周边空间联系密切，空间渗透性好，同时其所在空间与其他空间聚集，可达性高。5个样本屯堡村落的可理解度区间为0.37～0.53，均值为0.44，接近但低于0.5，可知样本聚落整体可理解度较低，整体空间结构不明显。综上所述，湘黔滇东段屯堡聚落大多呈现出主街渗透性强、可达性高、自明性一般的空间结构（表4-5-2）。

湘黔滇驿道走廊东段屯堡聚落空间句法分析

表4-5-2

村落名称	寨英村	邓堡村	真武堡
连接值			
	2.28	2.34	2.55
集成度			
	0.45	0.37	0.61
可理解度			
	R^2=0.46	R^2=0.38	R^2=0.53
村落名称	侯溪屯	罗溪屯	—
连接值			—
	2.31	2.35	—

村落名称	侯溪屯	罗溪屯	—
集成度			—
	0.48	0.45	—
可理解度			—
	$R^2=0.37$	$R^2=0.44$	—

4.5.3　走廊东段平面形态组合规则解析

1．建筑密度

研究结果表明，聚落的建筑密度平均值为45%，其中，寨英村、真武堡的建筑密度在44%以上；侯溪屯、罗溪屯建筑密度为44%，邓堡村建筑密度为38%。由此可知，走廊东段建筑密度呈现高密度的特征，表现为紧凑的建筑布局（表4-5-3）。

2．公共空间分维值

研究结果表明，5个样本聚落的公共空间均为高分维值。由此可知，湘黔滇驿道东段屯堡聚落空间利用率高，公共空间较少，建筑空间丰富，整体表现出建筑空间紧凑、利用率高、空间结构强的特征（表4-5-3）。

湘黔滇驿道走廊东段屯堡聚落平面形态组合规则 表4-5-3

村落名称	寨英村	邓堡村	真武堡	侯溪屯	罗溪屯
建筑密度图斑					
建筑密度	51%（高密度）	38%（中密度）	48%（高密度）	44%（高密度）	44%（高密度）
公共空间分维值					
分维值	1.52（高分维值）	1.54（高分维值）	1.55（高分维值）	1.50（高分维值）	1.50（高分维值）

4.6 湘黔滇驿道走廊东段屯堡聚落场所特征因子

4.6.1 走廊东段屯堡聚落场所空间要素

湘黔滇驿道走廊东段聚落场所空间由宗祠、庙宇、水口、场坝、井台、戏台等标识性场所空间构成，是屯堡人日常生活、特殊节日活动等主要活动场所。

4.6.2 走廊东段祠庙空间组合规则解析

祠庙场所是屯堡精神文化的空间，走廊东段屯堡的祠庙空间组合形式主要有核心式、散落分布式和分离式。核心式指祠庙与中轴主街相结合布置，多与场坝空间集中设置，如邓堡村；散落分布式主要指庙宇散落分布在聚落中，这类庙宇体量较小，多数是土地庙，如真武堡、侯溪屯、罗溪屯；分离式主要指祠庙位于远离聚落的山体上，如寨英村中的庵塘庙和宫庵寺遗址就位于远离聚落的山体（表4-6-1、图4-6-1、图4-6-2）。

湘黔滇驿道走廊东段屯堡聚落祠庙空间组合规则   表4-6-1

村落名称	寨英村	邓堡村	真武堡
分布位置			
布局形式	核心式+分离式	散落分布式	散落分布式
祠庙名称	土地庙、庵塘庙、宫庵寺	土地庙、菩萨庙、宗祠	土地庙
平面形式	四方形、一进制、合院式	四方形、四方形、一进制	四方形
村落名称	侯溪屯	罗溪屯	—
分布位置			—
布局形式	散落分布式	散落分布式	—
祠庙名称	土地庙	土地庙	—
平面形式	四方形	四方形	—

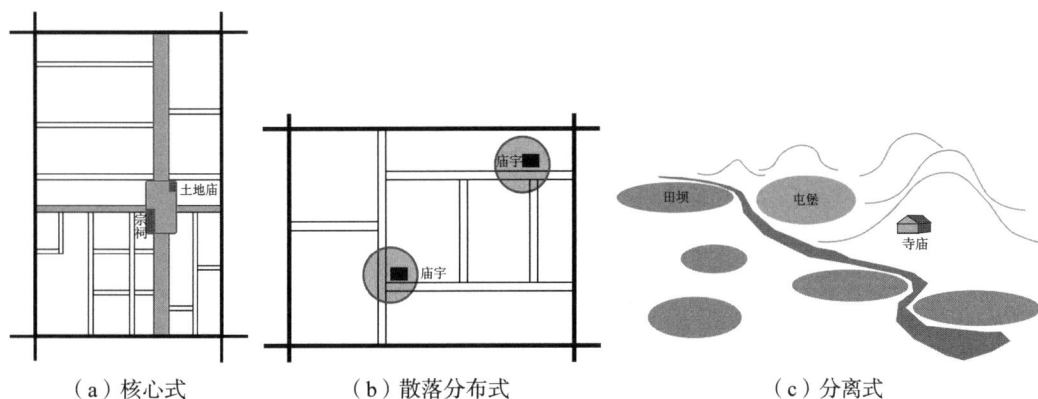

（a）核心式　　　　　　（b）散落分布式　　　　　　（c）分离式

图4-6-1　湘黔滇驿道走廊东段屯堡聚落祠庙空间共性特征

|（a）寨英村土地庙|（b）邓堡村宗祠|

（c）真武堡土地庙　　　　　（d）侯溪屯土地庙　　　　　（e）罗溪屯土地庙

图4-6-2　湘黔滇驿道走廊东段屯堡聚落祠庙空间样本图示

4.6.3　走廊东段场坝空间组合规则解析

场坝空间一般与主街密切结合，常与屯堡聚落内的祠庙、戏台等公共建筑共同布置，是聚落的重要空间节点，多为中轴核心式（表4-6-2、图4-6-3、图4-6-4）。

湘黔滇驿道走廊东段屯堡聚落场坝空间组合规则　　　　表4-6-2

村落名称	寨英村	邓堡村	真武堡
分布位置			
布局形式	中轴核心式	中轴核心式	中轴核心式

中轴核心式

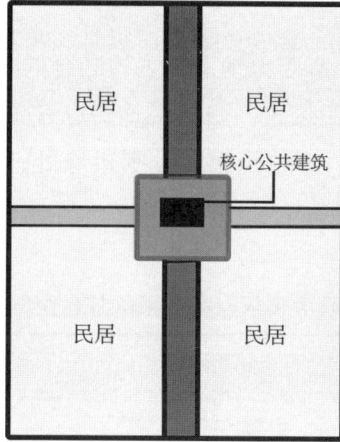

图4-6-3 湘黔滇驿道走廊东段屯堡聚落场坝空间共性特征

（a）寨英村场坝

（b）邓堡村场坝

（c）真武堡场坝

图4-6-4 湘黔滇驿道走廊东段屯堡聚落场坝空间样本图示

4.6.4　走廊东段井台空间组合规则解析

　　屯堡聚落古井形式多样，有与土地庙和古树结合的结合式井台空间，如邓堡村，古井位于主街场坝附近的核心位置，四周平整，也有单独布置的独立式井台空间，如真武堡、侯溪屯、罗溪屯，多位于聚落外围边缘处，从聚落就近的水系引流凿建（表4-6-3、图4-6-5、图4-6-6）。

湘黔滇驿道走廊东段屯堡聚落井台空间组合规则　　　　表4-6-3

村落名称	邓堡村	真武堡	侯溪屯	罗溪屯
分布位置				
布局形式	结合式	独立式	独立式	独立式

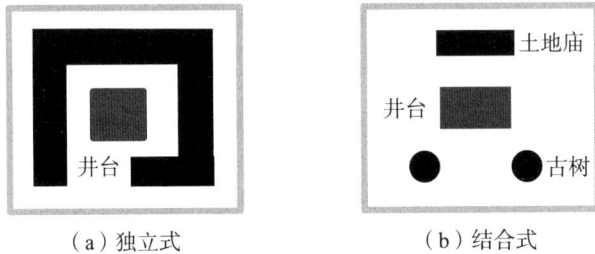

（a）独立式　　　　　　　　　（b）结合式

图4-6-5　湘黔滇驿道走廊东段屯堡聚落井台空间共性特征

（a）邓堡村井台　　　（b）真武堡井台　　　（c）侯溪屯井台　　　（d）罗溪屯井台

图4-6-6　湘黔滇驿道走廊东段屯堡聚落井台空间样本图示

4.7 湘黔滇驿道走廊东段屯堡聚落街坊肌理特征因子

4.7.1 走廊东段屯堡聚落街坊肌理空间要素

东段聚落街坊由聚落空间中的"街"或同等级道路进行划分（表4-7-1）。防御型聚落体量较小，如侯溪屯、罗溪屯空间呈现组团结构，街坊数量为2个，街巷较为封闭。而因水系发达、商铺兴起，部分聚落街巷开敞通达，以此来满足生产生活的需求，如寨英村商铺商号繁多，商业兴起，街坊数量多达5个。

湘黔滇驿道走廊东段屯堡聚落街坊划分 　　表4-7-1

村落名称	寨英村	邓堡村	真武堡
街坊划分			
街坊数量	5个	2个	4个
村落名称	侯溪屯	罗溪屯	—
街坊划分			—
街坊数量	2个	2个	—

4.7.2 走廊东段街坊序列关系组合规则解析

走廊东段的屯堡聚落由于多是自然山水结合式与独立式防御聚落，边界多为自然山体、屯墙、院墙，聚落内部栅门及遗址大多消失或破败，因此构成序列组合关系的空间要素较少，主要为院落组、街、巷、防御性构筑物。分析样本聚落，发现屯堡聚落的街坊序列结构有：街—栅门—院落组—巷—院墙、街—院落组—巷—院墙、街—院落组—巷三种形式（表4-7-2）。

湘黔滇驿道走廊东段屯堡聚落街坊序列组合规则 表4-7-2

村落名称	寨英村	邓堡村	真武堡
空间形态图示			
组合关系	街—栅门—院落组—巷—院墙	街—院落组—巷—院墙	街—院落组—巷
村落名称	侯溪屯	罗溪屯	白古村
空间形态图示			—
组合关系	街—院落组—巷	街—院落组—巷—院墙	—

4.7.3 走廊东段建筑群体组合关系组合规则解析

湘黔滇驿道走廊东段屯堡多以行列式的建筑群体组合形式出现，不同的合院及"一"字形建筑横向、纵向叠加排列，呈现出序列感，建筑群体与巷道空间形成的院落组空间依主、次街形成有序阵列，使得建筑肌理更有秩序，呈现出类营房的组合布局（表4-7-3）。

湘黔滇驿道走廊东段屯堡聚落建筑群体组合规则　　　　　　表4-7-3

村落名称	寨英村	邓堡村	真武堡
空间形态图示			
组合关系	行列式	行列式	行列式
村落名称	侯溪屯	罗溪屯	—
空间形态图示			—
组合关系	行列式	行列式	—

4.8 湘黔滇驿道走廊东段屯堡聚落宅院街巷关系特征因子

4.8.1　走廊东段屯堡聚落宅院街巷空间要素

湘黔滇驿道走廊东段街巷空间要素主要由主街、次街和巷道组成，有的村落在街巷空间还设置了台阶以便适应地形，形成了具有一定等级划分、不规则状和较为狭窄的街巷空间。

4.8.2 走廊东段街巷整体布局组合规则解析

研究发现，湘黔滇驿道走廊东段中屯堡聚落街巷多为中轴鱼骨状和不规则网格状（表4-8-1、图4-8-1）。中轴鱼骨状的屯堡村落通常以主街为轴线，次街连接主街，串联各个民居组团，如寨英村、邓堡村、真武堡。不规则网格状街巷互不相通，没有较明显的主街，如侯溪屯、罗溪屯。

湘黔滇驿道走廊东段屯堡聚落街巷整体布局组合规则　　表4-8-1

村落名称	寨英村	邓堡村	真武堡
整体空间结构			
特征	中轴鱼骨状	中轴鱼骨状	中轴鱼骨状
村落名称	侯溪屯	罗溪屯	—
整体空间结构			—
特征	不规则网格状	不规则网格状	—

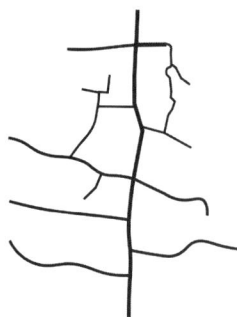

（a）中轴鱼骨状　　　　　　　　（b）不规则网格状

图4-8-1　湘黔滇驿道走廊东段屯堡聚落街巷整体布局共性特征

4.8.3 走廊东段街巷交叉口形式组合规则解析

走廊东段屯堡的街巷交叉口空间大多是不规则的组合样式，主要有"Y"形"T"形"L"形、十字错位形和多向发散形。不规则状的街巷交叉口是多种因素造成的，在防御性较高的聚落，不规则街巷空间让人失去一定的方向；在一些具有商业功能的聚落，不规则街巷空间便于人群集聚和交流，更好地进行商业活动（表4-8-2）。

湘黔滇驿道走廊东段屯堡聚落街巷交叉口形式组合规则　　表4-8-2

共性特征	"Y"形	"T"形	"L"形	十字错位形	多向散发形
空间图示					

4.8.4 走廊东段街巷界面形态组合规则解析

1. 街巷水平维度

通过屯堡聚落的街巷界面密度和建筑贴线率两个角度对街巷空间进行分析和解读（表4-8-3）。研究发现，湘黔滇驿道走廊东段屯堡的街巷界面密度均值为81%，数值在74%~89%。因此，街巷侧界面的围合感较为强烈，街巷界面密集程度较高；建筑贴线率均值为62%，街巷界面平整度较低，建筑与街巷不整齐且不连续现象较多（表4-8-3）。

湘黔滇驿道走廊东段屯堡聚落街巷界面水平维度数据　　表4-8-3

村落名称	街巷界面密度（%）	建筑贴线率（%）
寨英村	89	85
邓堡村	78	41
真武堡	81	73
侯溪屯	74	55
罗溪屯	85	56

2．街巷垂直维度

5个屯堡聚落中以主街中轴式为空间结构的聚落，主街的宽度多为3~5m，街巷宽度较窄，多为1~3m。组团式巷道整体较窄，多为1~3m。经过对街巷进行量化分析后得知，其宽高比多在0.40~0.66，不超过1，因此，街巷给人拥挤感（表4-8-4）。

湘黔滇驿道走廊东段屯堡聚落街巷宽高比   表4-8-4

村落名称	寨英村	邓堡村	真武堡	侯溪屯	罗溪屯
立面界面形态					
宽高比	D/H=0.60	D/H=0.41	D/H=0.40	D/H=0.66	D/H=0.46

4.9 湘黔滇驿道走廊东段屯堡聚落庭院建筑特征因子

4.9.1 走廊东段屯堡聚落庭院建筑空间要素

东段屯堡庭院建筑空间多由正房、厢房、院落和倒座等要素构成。受地形影响，明朝时期贵州的水运交通主要集中在贵州东部地区，在一些水运条件较好的地方，屯堡聚落商业发展逐渐兴盛，出现了多文化商号建筑，因此形成了多进院落式民居。

4.9.2 走廊东段院落形制组合规则解析

研究结果表明院落共性特征主要存在几种组合形式："一"字形、"L"形、三合院和四合院；在军事商贸较为发达的屯堡聚落，商铺建筑有双进制、"U"形建筑平面以及特殊的窨子屋形制（图4-9-1、表4-9-1、表4-9-2）。

| (a)"一"字形 | (b)"L"形 | (c)三合院 | (d)四合院 |

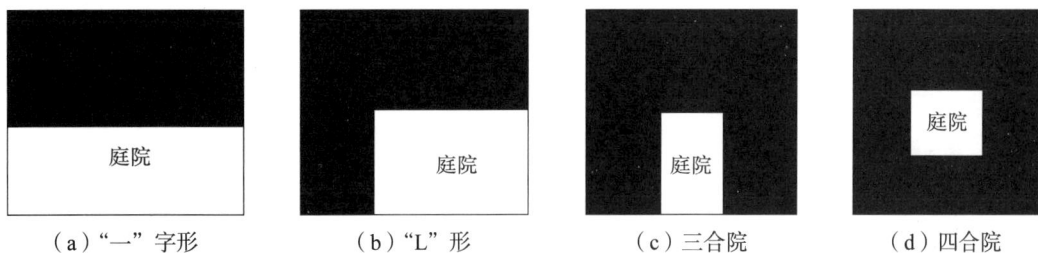

图4-9-1　湘黔滇驿道走廊东段屯堡院落形制组合规则

湘黔滇驿道走廊东段屯堡院落民居平面形态特征　　　　　表4-9-1

院落民居平面形态	平面特征
	名称："一"字形院落民居形态 释义：最简单且最基本的民居形式，由正房、厢房等用房"一"字形排列而成。 特征：①较为独立，自身不具备围合感；②规模较小，每间房面宽4.0m，进深有3.1～4.0m
	名称："L"字形院落民居形态 释义：平面由正房、厢房、庭院、辅助用房等用房组成，是在"一"字形院落民居形态上的扩建变形。 特征：①具有半私密感，常利用庭院与街巷间形成过渡空间；②规模较小，院落较长
	名称：三合院民居形态 释义：是"L"形院落民居平面形式上的变形。 特征：①封闭性较强；②规模较小，每间房面宽3m，进深3m左右，院落进深4m左右
	名称：四合院民居形态 释义：是三合院民居平面形式的变形，通常将石墙围合的一侧改为房屋。 特征：①封闭性和防御属性最强；②院落方正规则，房间面宽4.2m左右，进深长的有6m左右，短的在4m左右

"U"字形院落民居形态	窨子屋形制	双进院落民居形态
释义：平面由正房、厢房、庭院、辅助用房等构成 特征：①商铺+民居；②半私密感；③建筑面阔7.4m左右，通进深16m左右，院落进深11m左右	释义：平面由正房、厢房、庭院等构成 特征：①商铺+民居；②封闭性强；③建筑在中轴线保持对称，入口空间和外墙边界灵活布局	释义：平面由正房、厢房、庭院、辅助用房等构成，是四合院平面形式的变形，在一个四合院的基础上增加一个四合院，以商品交易和会议交谈用途为主。 特征：①商铺+民居；②封闭性强；③建筑面阔三开间11m左右，通进深21m左右

随着沅水流域水路交通和商贸的发展，东段聚落除典型的石墙立面形态外，一些移民和商客的活动还带来了以马头墙、木制墙体、商铺窗口作为特征的商铺建筑立面形态。东段屯堡马头墙以三四阶做法较多，造型精美，商铺建筑大多为外置柜台，有长有短，多数为木制，且柜台外侧一般用木板封闭。建筑屋顶多为青砖堆叠，规整有序。院落建筑内部多采用穿斗式木架结构，呈现出外石内木、外砖内木、纯木建筑的特征（图4-9-2）。

①邓堡村民居外观　　②侯溪屯民居外观　　③真武堡民居外观

④寨英村民居外观1　　⑤寨英村民居外观2　　⑥罗溪屯民居外观

（a）民居外观

①邓堡村某宅　　②侯溪屯某宅　　③真武堡某宅

④寨英村某宅　　⑤罗溪屯某宅1　　⑥罗溪屯某宅2

（b）民居内部

①屋顶　　②窗及射击孔　　③商铺窗口

（c）屋顶、射击孔及商铺窗口

图4-9-2　湘黔滇驿道走廊东段屯堡建筑立面

4.9.3 走廊东段庭院规模组合规则解析

量化分析可知（表4-9-3），东段聚落庭院空间率均值为0.27，反映出屯堡聚落中建筑单体围合庭院的平均水平较低及庭院规模较小，通过实地调研统计分析可知，其院落总占地面积200～300m²，庭院面积常分为小型合院（10～24m²）、中型合院（24～49m²）和大型合院（49～65m²）三种规模，其中小型合院居多（图4-9-3）。

湘黔滇驿道走廊东段屯堡聚落庭院空间率　　　　　　表4-9-3

村落名称	庭院空间率
寨英村	0.20
邓堡村	0.31
真武堡	0.28
侯溪屯	0.29
罗溪屯	0.29

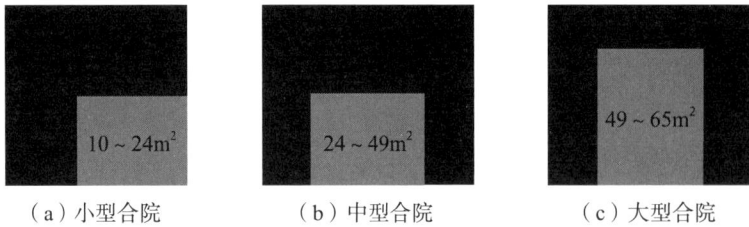

（a）小型合院　　　　　　（b）中型合院　　　　　　（c）大型合院

图4-9-3　湘黔滇驿道走廊东段屯堡聚落庭院规模组合规则

4.10 湘黔滇驿道走廊东段屯堡聚落建筑细部特征因子

4.10.1 走廊东段屯堡聚落建筑细部空间要素

在建筑装饰中，主要有木作和石作，"木作"多集中在门窗、垂花柱以及一些木雕装饰上，而"石作"则分布于石柱础、石地漏、象脚石及石雕装饰上。

4.10.2　走廊东段建筑细部组合规则解析

1．八卦图

屯堡聚落居民信奉神灵，祈求得到神灵的庇护。聚落建筑房梁上大多都绘有太极八卦图，希望借此图镇邪除恶，使得生活平安（图4-10-1）。

图4-10-1　湘黔滇驿道走廊东段屯堡聚落八卦图

2．木雕

1）门窗

门窗的装饰图案众多，包括一码三箭纹、方格纹、"回"字纹、风车纹、云纹、套方锦以及各种雕花样式的门窗。除了上述样式外，屯堡聚落门窗还常用冰裂纹、海棠纹、菱形纹、鱼纹、梅花纹等样式，这些图案通常用象征和谐音等手法寓意人们对美好生活的向往（图4-10-2）。

2）垂花柱

在屯堡建筑的装饰雕刻上，莲花纹作为佛教文化装饰纹样，广泛地用在屯堡民居垂花柱的柱头纹样雕刻上[91]（图4-10-3）。

（a）一码三箭纹　　　　　（b）方格纹　　　　　（c）"回"字纹

图4-10-2　湘黔滇驿道走廊东段屯堡聚落木雕门窗

（d）风车纹　　　　　　　（e）云纹　　　　　　　（f）套方锦纹

（g）动植物纹　　　　　　（h）"回"字纹　　　　　　（i）龟背纹

图4-10-2　湘黔滇驿道走廊东段屯堡聚落木雕门窗（续）

图4-10-3　湘黔滇驿道走廊东段屯堡聚落木雕垂花柱

3）木雕装饰

在一些水运交通发达的地区，屯堡聚落中有着移民和商客修建的会馆建筑，而这些建筑内木雕装饰精美且样式多样，构件有窗户、栏杆和斜撑等，如寨英村内戏台楼檐栏板上的木雕，形象生动（图4-10-4）。

图4-10-4　湘黔滇驿道走廊东段屯堡聚落木雕装饰

3．石雕

1）石柱础

柱础可防止积水破坏柱子主体使其腐烂，在屯堡聚落中建筑的柱础形式多样，装饰样式丰富，平面样式有四边形、圆形或多种平面结合等样式。雕刻图案丰富多样，有几何图形、植物花卉等。多种平面结合样式一般分为三层。上层是圆鼓形，中间是八边形，每一边或雕一个如意花纹，或雕一幅反映民俗文化的图案，最下面是四边形台明，可谓集"幸福、如意和节节升高"寓意于一体[92]（图4-10-5）。

（a）四方形　　　　　　　　（b）圆形　　　　　　　　（c）多种平面结合

图4-10-5　湘黔滇驿道走廊东段屯堡聚落石柱础

2）石地漏与象脚石

石地漏常见于大户人家的宅院天井中，是房屋主人为展现其财富与荣耀而设，样式多样，寨英村、真武堡村内的石地漏多为四边形。象脚石象征着脚踏实地，也多见于大户宅院中（图4-10-6）。

图4-10-6　湘黔滇驿道走廊东段屯堡聚落石地漏与象脚石

　　3）石雕装饰

　　屯堡建筑中的石雕装饰除了石柱础、石地漏和象脚石等构件，其大门处的石雕装饰雕刻有"岁岁平安"字样、凤凰图案、植物花卉、几何图案、云纹、八卦图等（图4-10-7）。

图4-10-7　湘黔滇驿道走廊东段屯堡聚落石雕装饰

第5章

西南屯堡聚落空间基因凝练及作用机制解析

在对湘黔滇驿道走廊分段进行样本聚落空间要素及各要素组合规则解析研究后，根据前述若干样本的空间解析数据与结论，对西南屯堡聚落的共性空间基因进行提取与凝练，并对空间基因形成的作用机制进行解析。

5.1 地景层次空间基因凝练及作用机制解析

5.1.1 环境基因：负阴抱阳、背山面水、藏风聚气

西南屯堡聚落选址除了居于防御首要功能的考量之外，其选址、布局和水系的选择过程中均贯穿了风水理论。堡寨常择沃土良田、发达水系及山体屏障的峰林或峰丛盆地而立，形成"山体—聚落—田坝—水系—山体（案山）"的景观结构。典型结构如湘黔滇驿道走廊中段鲍家屯聚落，据家谱记载"始迁祖福宝公，素裕堪舆，四处观风，问俗，于黔中寻得一邑，询其名曰杨柳湾帚箕凹。览其形，地极壮丽，脉甚丰饶，螺星塞水，狮象把门，文峰玉案，森然排列，地之灵，人亦杰，于是卜居杨柳湾帚箕凹"证实鲍家屯始建之初的风水考量。再如，西段聚落箐口村张氏先祖张阁老率兵南征，看此地东高西低，背靠凤凰山，面向湖泊（南盘江），青山绿水且四条山脉交会，同时田坝东侧建有大箐口小塘坝方便耕作浇灌，故而选址在此居住耕作，其营建选址初始之风水术亦十分明确，其他样本村落亦是如此。由此可呈现出"负阴抱阳、背山面水、藏风聚气"的聚落环境，以及"田坝围绕、临水而居、近山而筑"的聚落环境空间格局（表5-1-1）。

西南屯堡聚落环境空间基因 表5-1-1

空间基因	负阴抱阳、背山面水、藏风聚气的聚落环境基因
空间图示	
作用机制	汉族传统营建观念的继承：天人合一环境观、负阴抱阳发展观、择中立位礼制观

5.1.2　作用机制解析：汉族传统营建观念的继承

　　屯堡环境空间基因是中国传统文化天人合一环境观、负阴抱阳发展观、择中立位礼制观的在地性空间呈现。古代汉族聚落在处理"山—水—人"系统关系上始终贯穿着天人合一的思想，追求人与自然和谐共生和聚落与山水有机统一。选址择居时常请堪舆师实地踏勘，历经"觅龙、察砂、观水、点穴、定向"等程式，经自上而下规划而成的聚落空间形态，大多为"枕山、环水、面屏"的宅居模式，形成背山面水或枕山环水的格局。高拢之地要求山形环抱，构成"藏风"以求"聚气"，平旷之地则以环绕的水流当作龙脉所在，所谓"河水之弯曲乃龙气之聚会也"[93]。聚落方位确定，以山南水北，负阴抱阳为最佳，格局上讲究以聚落居中，"左青龙、右白虎、前朱雀、后玄武"之关系，体现了"择中立位""辨方正位"的传统礼制思想。

　　西南屯堡聚落空间环境正是对汉族传统选址风水术的继承，作为西南地域内独具汉族文化的汉族群体[94]，在"调北征南""调北填南"的历史背景下，其选址除满足屯堡族人日常生存需求的条件外，还讲究"以山水为血脉，以草木为毛发，以烟云为神采"的气、形及景观美学相统一的理想风水境界，将汉族聚落营建思想在西南喀斯特山地丘陵自然环境与当地族群社会环境作用下的在地性转化和传承。历经六百多年的历史变迁，屯堡人世代骨子里流淌着汉文化的基因，致使潜意识里仍然维持着这份空间的坚守和传承。

5.2　聚落层次空间基因凝练

5.2.1　边界防御基因：山水护城、团带状边界、屯墙围护

　　西南屯堡外围边界多顺应山体、水系、田坝等自然要素的走势，利用厚实的屯墙、高耸的屯门、箭楼等构筑物，搭建结合自然山水的天然屏障和人工防御边界的对内开放、对外封闭的外围防御体系。其边界长宽比特征区间为1.05～1.96，形状指数S特征区间为1.09～1.96（表5-2-1）。

	西南屯堡聚落关系空间基因 表5-2-1
空间基因	山水护城、团带状边界的聚落边界防御基因
空间图示	
	边界长宽比特征区间：1.05 ~ 1.96 形状指数S特征区间：1.09 ~ 1.96
作用机制	军事防御及移民抱团心理的驱使、环境容量的限制

5.2.2　格局基因：择中占优、严整有序、以器显礼、中心集聚

西南屯堡多分为主街中轴式或核心组团式两种空间结构形式，聚落民居常组团簇拥在大街、场坝或庙宇空间周围，形成了中心集聚的聚落空间格局。如以主街中轴式为代表的驿道走廊中段聚落鲍家屯、西段聚落乐民村、东段聚落寨英村等，其聚落中央为主要轴线，按照礼制秩序分布了公共建筑，并严整有序地贯穿于整个聚落的中轴线，强化了轴线在防御与日常生活中的重要性；空间结构以核心组团式为主的走廊中段九溪村、西段雍家村、东段侯溪屯等，多由两个及以上组团构成，组团依据宗族姓氏和中心信仰进行营建，具有"择中占优、严整有序、以器显礼、中心集聚"的聚落格局空间（表5-2-2）。

	西南屯堡聚落格局空间基因 表5-2-2
空间基因	择中占优、严整有序、以器显礼、中心集聚的聚落格局基因
空间图示	
	主街中轴式　　　　　　　　　　核心组团式
作用机制	汉族传统营建观念、特殊的社会组织结构

5.2.3 空间网络基因：渗透性强、可达性高、结构化强、自明性一般

西南屯堡聚落空间网络呈现出聚落主街及公共空间渗透性强、可达性高，巷道较为闭塞，空间自明性一般的特征，并表现出强结构化、高建筑丰富度和高组织效率的平面结构。其中，聚落空间句法的连接值区间均值为2.49，集成度区间均值为0.58，可理解度特征区间均值为0.44。建筑密度区间均值为47%，属于高密度聚落。公共空间分维值区间均值为1.51，属于高分维值（表5-2-3）。

西南屯堡聚落空间网络空间基因　　　　表5-2-3

空间基因	渗透性强、可达性高、结构化强、组织高效的聚落公共空间网络基因				
空间图示					
	渗透性强 连接值 均值2.49	可达性高 集成度 均值0.58	自明性一般 可理解度 均值0.44	组织高效 建筑密度 均值46%	强结构化 公共空间分维值 1.39～1.60 均值1.51
作用机制	军事防御需求的推动、环境容量的限制				

5.2.4 场所基因：地处轴心、功能丰富、理水崇神、信仰主导

西南屯堡场所具有"地处轴心、功能丰富、理水崇神、信仰主导"空间基因特点。庙宇多结合开阔场坝布置于屯堡主街中轴或组团核心位置。而井台的设置，除满足日常用水的需求外，更为重要的是对自然神灵的崇拜，多分布于聚落水源丰沛处且结合村中古树搭建土地庙以形成村民祭祀朝拜的自然空间场所。位于主街或正对屯门山口处的水口园林，其营建秩序呈现出明显的轴线关系，是延续水口园林理水营景与选址手法的结果。场坝和戏台的出现是屯堡人为举办各类民俗节庆所产生的，其规模、形态和尺度随着用地条件灵活变化。场坝空间多分为中轴核心式和核心组团式两类；戏台空间多与村寨中的庙宇场所结合，也有平地敞开式布局（表5-2-4）。

西南屯堡聚落场所空间基因	表5-2-4
空间基因	地处轴心、功能丰富、理水崇神、信仰主导的标识性场所基因
空间图示	
作用机制	"江南江淮汉文化"的固守意识、"儒释道"及多神主义的影响

5.2.5 街坊基因: 层次分明、内向封闭、行列布局、类军营式

西南屯堡与周边族群的聚落不同, 呈现出"层次分明、内向封闭、行列布局、类军营式"的街坊空间。其主街、次街、巷道、防御性构筑物、院落组按序分布, 呈现出的秩序严谨、层级划分的聚落街坊空间序列结构特征, 内部布置以主次分明的街道、组团式分布的居住单元, 街坊建筑布局遵循行列式的建筑群体组合关系, 以方便内部分层进行安全管理。同时, 在垂直于场坝或中央大街的巷道口处设置栅门, 碉楼按需布置在屯堡聚落的各个位置, 呈现出栅门扼守巷道、碉楼点状分布的内向封闭特征(表5-2-5)。

西南屯堡聚落街坊空间基因		表5-2-5
空间基因	层次分明、内向封闭、行列布局、类军营式的聚落街坊基因	
空间图示		
	层次分明、内向封闭	行列布局、类军营式
作用机制	军事防御属性、自生防御的空间需求、社会组织管理的需要及绝对军权主义下的营房制度	

5.2.6 街巷基因：互不贯通、狭窄收敛、尽端封闭、主次分明

西南屯堡聚落街巷走向刻意杂乱且内向曲折。聚落街巷空间尺度较为狭窄，宽度多为2~3m，街巷交叉口形式以"L"形、"T"形、"Y"形、"U"形、十字错位形和多向发散形为主，呈现出尽端封闭、错位相交、内向收敛的街巷空间形态。此外，屯堡聚落营建常将建筑紧靠街巷布置，并压缩街巷宽度，致使其街巷界面空间形态呈现出密集度高、平整度低的平面界面形态特征。空间围合形式中不管是主街位置还是巷道位置，均是建筑双边围合的街巷占比最高，且街巷的宽度较为狭窄，建筑的高度多为3~7m，街巷整体的空间围合给人一种内向收敛的感觉（表5-2-6）。

西南屯堡聚落街巷空间基因　　　　　　　　　表5-2-6

空间基因	互不贯通、狭窄收敛、尽端封闭、主次分明的聚落街巷基因
空间图示	
作用机制	对地形环境的适应、传统营建思想的规制、军事化防御制度的驱使

街巷结构有明显的等级划分，主、次街巷在功能布局、尺度上有明显差异的中轴鱼骨状

街巷之间互不连通，出入口错开布置的不规则格网状

D/H区间0.21~1.23 均值0.54

类"T"形、"Y"形、"L"形、"U"形、十字错位形、多向发散形

街巷界面密度均值63% 建筑贴线率均值59%

5.3 聚落层次作用机制解析

5.3.1 军事防御及管理的影响

古人营城，基于军事安全的考虑，均会系统规划城市的防御体系。屯堡作为以防御为首要任务的军事产物，其聚落的营建首要考虑对外的防御，保障堡寨的安全。山环水绕的选址充分利用山水优势构建自然屏障，是满足防御心理的营建智慧。同时在其聚落公共空间网络的营建上，总体呈现出空间自明性一般的特征，主要为迷惑外来侵犯者，使其短时间内难以通过局部空间掌握整个聚落格局，并在主街中轴式聚落中设置巷道的尽端灵活性封闭，使其排兵演练时可高速集聚，防御外敌时暂时减弱可达性，达到大街套小街，易守难攻，而核心组团式聚落路巷之间曲径迷离、迂回转折，内部道路可达性较低，结合其他人工建构的如射箭口和碉楼等防御手段，达到更好的防御功能。

此外，朱元璋从军事管理的角度，参照了周王朝里坊制的布局形式营建军营（图5-3-1）。经纬分布、行列布局的营房内部结构，方便管理者实行分片管理，对外抵御外侵、对内防止内乱，保证安全。同时，他还要求营房的布置须与部队队列一样排列整齐、秩序井然，并按照官兵级别和编制序列居住（图5-3-2）。因此，在屯堡聚落中对其街坊、院落组的编户制度与军事组织常呈一一的对应关系。这种因军事管理需求自上而下缓慢渗透的类里坊制营房布局，使得聚落在历史的推演下，依旧保持着营房制度的建筑群体组合关系与序列结构。

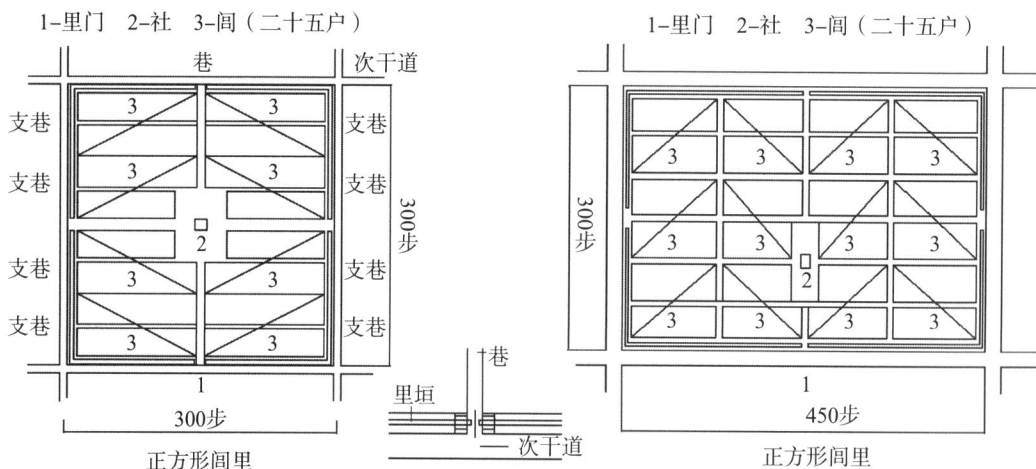

图5-3-1 贺业矩推断周代闾里规划布局

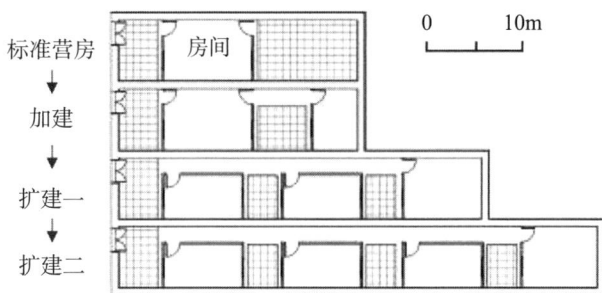

图5-3-2　营房布局模式

5.3.2　环境容量的限制

屯田戍边作为屯堡聚落的首要功能之一，为尽可能节约可耕种的用地和占据较为平坦的沃土良田，屯堡族人常将具有集约用地、形态紧凑特征的团状边界聚落作为其聚落营建的首选形态。此外，在峰林密布或地形破碎的地区，受生存逻辑驱使，其聚落边界形态也会在团状聚落边界的基础上发生相应变化，如演化为带状聚落及带状倾向的团状或指状聚落。在满足其族人日常生产和生活需求的同时，预留出更多的交通和公共等活动空间，其聚落的空间组织效率和结构化程度普遍偏高，在对聚落街巷的营建上，常考虑其街巷走向、布局、空间围合、尺度等要素与其地形环境的适应性，多利用平直、曲折、收放、转折的线型方式营建其聚落的街巷。

5.3.3　汉族传统营建观念

古籍记载："古代王者，择天下之中而立国，择国之中而立宫，择宫之中而立庙"（《慎势》125），古人在城市营建时具有择中定位的礼制观点。"中"的思想源于古人在天文观察中形成的宇宙中心论，象天法地，聚落营建者视自己为环境之中，以中轴线为辨方正位的基准，择中立国立宫立庙，以空间为媒介，表达尊卑等级秩序。屯堡聚落格局空间基因是对中国传统汉文化择中定位礼制观和敬神崇祖信仰观的传承，也是对地域环境的适应性转化，体现了"居大为中""惟列府寺"的传统汉族族居原则。

5.3.4　移民特殊的社会组织结构

屯堡人是西南地域内独具汉族文化的汉族移民群体[94]。因此，屯堡聚落的营造是基于血缘和地缘关系为主要特征的屯堡社会组织结构。屯堡地缘关系作为中央政权统治者出于军事屯兵目的的产物，是以"忠义"为纽带的非宗族性社会组织结构，必然携带着宏观统筹的军队建制模式的聚落营建思想[95]。而血缘关系作为屯堡聚落内同宗同族间以"血脉崇拜"为主体，以宗族感召力为核心的宗族制结构体系，一定程度上也会左右聚落营建的规范与秩序。故此，血缘地缘关系物态化在其聚落营建上具体表现为通过借用汉族移民传统聚落的轴线和秩序感用以塑造聚落的空间格局，进而形成具有阶层辨识度、军事等级及至高社会地位的屯堡聚落。

5.3.5 "江南江淮汉文化"的固守意识

屯堡族人因其特殊的汉族后裔身份，较之周边族群而言，其自身便携有对江南江淮文化的固守意识。因此，他们为与周边族群产生区分并充分表达其对先祖的崇敬怀念之情，排解其远在异乡的感伤，致使他们的标识性空间多以"祭祀先祖""信仰主导"的节点形式存在，如上文所提及的祠庙、戏台、场坝、水口园林等标识性空间，均是其排遣怀旧感伤之情的产物，也是屯堡汉族军事移民文化的象征。

5.3.6 "儒释道"及多神主义的影响

明初屯堡族人自安定繁荣的江南江淮地带，因军事政策需要移民至社会动荡、资源贫瘠、战乱频发、贼匪众多的西南地区，致使他们的心理产生严重落差，为寻求新的思想支点，在充分利用"儒释道"等汉文化思想的同时，为祈求风调雨顺、家庭安康、作物丰收，展开了对土地神、树神等多神主义的祭拜和尊敬，这一点在屯堡聚落的井台空间内有充分证实。

5.4 建筑层次空间基因凝练

5.4.1 院落空间基因：合院而居、秩序对称、小型内敛、横纵向扩展

"合院而居、秩序对称、小型内敛、横纵向扩展"院落形制空间基因的空间组合模式是对传统汉文化基因的继承与在地性的适应及变异。"合院而居"体现了民居院落平面形式由于家庭人口数量的增长，在传统汉文化——合院式布局的观念影响下，其民居平面形式多以三合院、四合院为主；"秩序对称"体现了各功能性用房遵循"正房及庭院居中、厢房分设正房两侧、倒座正对正房、朝门与轴线呈偏角布置"的序列结构；"小型内敛、横纵向扩展"则指民居的规模受明代军事营房制度的影响，民居原型的空

间规模极小，可预留空地不足，为满足日常生活需要，屯堡族人对民居进行横纵向的扩展，但民居的空间规模依旧较小，体现了屯堡家庭单元小型化、核心化的居住特征（表5-4-1）。

西南屯堡聚落院落空间基因　　　　　　　　　　　　表5-4-1

空间基因	合院而居、秩序对称、小型内敛、横纵向扩展的院落形制空间基因	
空间图示	 （a）平面形态多以三合院、四合院为主	 （b）序列结构遵循礼制秩序、中轴对称
	 （c）空间规模呈水平合院式扩展 （d）空间规模呈纵向干栏式延伸	 （e）院落空间组合模式
作用机制	特殊的历史文化背景、独特的自然地域文化、军事营房制度与家庭人口关系的影响	

5.4.2 建筑细部基因：外石（砖、土）内木、精巧细腻、形式多样

"外石（砖、土）内木、精巧细腻、形式多样"是屯堡族人深受儒家思想、佛道教文化的影响及西南特殊的地形地貌条件下所形成的就地取材、因地制宜、注重隐私和安全属性的思想所致。其中，"外石（砖、土）内木"是指屯堡民居外墙石砌或砖砌以起到防御功能，内院为木构建造，多以穿斗式木结构为主；"精巧细腻、形式多样"是指屯堡民居的建筑装饰多以木雕或石雕为主，装饰纹样丰富，包括字符、图文、植物、动物等，具体集中在入口处垂花门楼、庭院内部门窗、垂花柱、柱础、地漏等位置，以展现家族的地位、财力、家风（表5-4-2）。

西南屯堡聚落建筑装饰空间基因　　　　　　　　表5-4-2

空间基因	外石（砖、土）内木、精巧细腻、形式多样的建筑装饰基因
空间图示	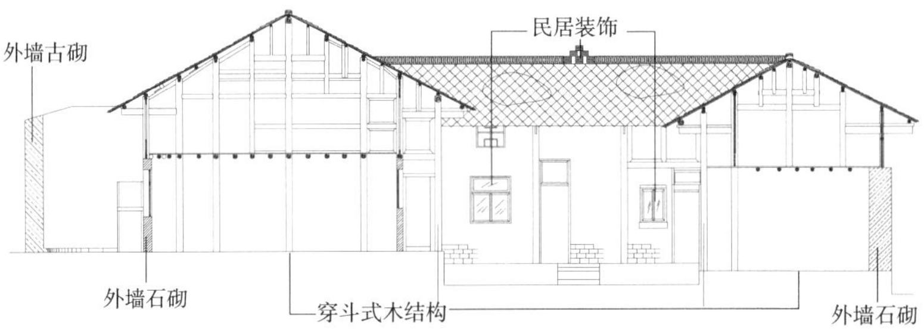
作用机制	生存环境、地域材料、汉族文化的共同影响

图中标注：外墙古砌、民居装饰、外墙石砌、穿斗式木结构、外墙石砌

5.5 建筑层次作用机制解析

5.5.1 军事营房制度与家庭人口关系的影响

据罗建平在《从"营房"到"民房"——安顺屯堡区民居发展考释》一文中所述，屯堡院落民居的设置最先是受明初营房布局的影响，即民居规模多严格规定为"每十间为连，间广一丈二尺，纵一丈五尺"，即每间房面宽3.7m，进深4.7m左右，十间为一列，共长37m。根据明朝嘉靖和万历年间的《贵州通志》中军屯和民户户口数据分析，军户的人口为2.77～4.2人/户，远小于4.26～6.99人/户（表5-5-1）。军户所授一间营房严重限制了每户家庭居住人口数量，这种军户家庭小型化、核心化的居住习惯，致使家庭成员过多的住户不得不分户居住[12]。随着明末的长期战乱，原有的屯堡居住体系遭到破坏，军屯逐渐转为民屯，住宅逐渐转化为自建。逃亡和战乱所造成的人口数量大量减少，使拥挤的屯堡内出现空隙，建筑基地得以重新分配。在这种背景的影响下，以营房为单位的狭小住房逐渐呈横向扩展建造和纵向扩展建造发展，进一步解决了因家庭成员增加产生分户的问题。

屯堡聚落户均人口统计　　　　　　　　　　表5-5-1

比项	普定卫/（军户）	安顺州/（民户）	贵州军户	贵州民户
明嘉靖年间/（人口/户） 户平均人口	24470/5656 3.72	35227/8270 4.26	261869/62273 4.20	250420/56684 4.42
明万历年间/（人口/户） 户平均人口	2837/1025 2.77	18890/2890 6.56	184601/59340 3.11	325374/46566 6.99

5.5.2　特殊的历史文化背景

从历史根源和文化背景来看，屯堡人的祖先大多因朱元璋的"调北征南""调北填南"政策入黔，因稳定西南边陲的需要，朱元璋派遣至西南地区的移民均来自江南江淮等繁华地域，他们具有先进的农耕技术、经商贸易、饮食习俗和建筑技术的能工巧匠。因此，屯堡民居无论在建筑形制还是装饰手法上，都继承了江南江淮地域传统的民居营建技艺，体现了徽派建筑的典型特征，如合院式布局、礼制秩序的庭院序列结构等。其中，建筑装饰受儒家思想和道德观的影响十分明显，会通过象征或比喻等手法突出强调儒家文化中的忠义思想、崇文思想，宗教文化中的佛教、道教文化，与当地族群如简朴的石板民居等形成了鲜明对比。

5.5.3　独特的自然地域文化

西南屯堡聚落聚集区属多山多石的山区，地形破碎，喀斯特地貌页岩丰富，树木以灌木为主，这些天然的地理资源为屯堡民居的建造提供了丰富的石料和木料。因此，受独特的地域自然环境文化影响，屯堡祖先养成了就地取材、因地制宜的生存习惯，建筑材料多选取坚固又阻燃的石头、土坯砖作为民居外墙，树木则作为民居的内部结构与框架，遂而形成了区别于江南江淮传统民居的在地性屯堡民居，即外石或土而内木的屯堡民居形式。

5.6　湘黔滇驿道走廊不同区段屯堡空间差异

上述凝练了西南屯堡聚落在聚落环境、边界防御、聚落格局、公共空间网络、标识性场所、街坊、街巷、院落以及建筑装饰等维度上的空间基因。整体而言，湘黔滇驿道走廊中段、西段、东段聚落空间基因存在较多的共性特征。同时，受到驿道走廊不同区段自然地理、社会人文等条件的影响，中段、西段、东段屯堡聚落空间在格局、防御、街坊、院落、建筑等维度表现出了部分差异，具体如下：

1. 不同区段屯堡聚落格局差异

湘黔滇驿道走廊西段屯堡聚落分布在由黔入滇区域，聚落建筑密度较低，建筑布局较中段、东段的高密度排布而言，更为舒散开放，但基于边境防御属性的需求，整体密度适中，维持在中密度以上。此外，西段屯堡整体空间结构多组团式，不似中段、东段以主街中轴式为主，西段组团式聚落一定程度上受到云南周边民族热爱自然、崇尚开放与自由的文化传统影响，表现得更为灵活、自由随意。

2．不同区段屯堡防御空间差异

明朝湘黔滇驿道走廊东段聚落受水运和商贸发展的影响，人群往来较为频繁，商号繁多，相较中段、西段需要防范元朝残余势力与云南边境势力的时代背景，东段防御需求则低一些，故而防御空间特征相较中段不够突出。从防御要素来看，东段聚落没有像中段、西段一般设有营盘防护，较少设置屯门、屯墙，栅门和碉楼，院墙的防御性质也不似中、西段"户自为堡"式的强度，部分聚落四面环田坝，相较中段、西段层层防御的军事布局，东段聚落更为开放通达，整体防御性需求较低。

3．不同区段屯堡街坊空间差异

明朝西南屯堡聚落受军权管制，为满足社会组织管理的需求，大多以军营式的原则营建街坊空间，但东段、西段与中段略有不同，西段聚落由于险峻的山势造成交通不便、军粮需求无法满足，遂兴起了商人供粮之举，由此商人往来、城铺兴建，所以走廊西段部分聚落街巷和街坊结构形成还受到商业发展的影响。而走廊东段因水系发达和商铺兴起，街坊格局亦受到商业影响，部分聚落为满足商业发展街巷开敞通达，其街道划分出来的街坊数量多达5个，远高于中段、西段聚落街坊数量2～3个。

4．不同区段屯堡院落空间差异

湘黔滇驿道走廊屯堡聚落院落空间整体上多为三合院、四合院形制，其中不同区段又存在部分差异。驿道走廊西段由于近云南地区，出于气候差异和防热需求，屯堡聚落出现了云南地区"'一颗印'建筑形式，多为方形，方形平面和体量具有较小的体形系数，其封闭的外形、厚实的土墙、较少的开窗、狭小的天井有利于减少热辐射，院落营建重功能、轻制度，更加'宜人居家'"[96]；中段屯堡聚落受江南江淮宗法礼制影响较深，"建筑呈等级序列分布，轴线单一、院落平面多为长条矩形，院落形制更加讲究'尊卑主次'"[96]；东段受地形影响，水运条件较好，商业逐渐发达，出现了四合院的双进制商铺建筑，"L"形和三合院的变形"U"形建筑，以及特殊的窨子屋形制商业建筑，其中"窨子屋建筑因地制宜，建筑平面呈现各种形状，有一条或多条建筑轴线，建筑平面形态自由丰富，院落在平面形态上表现更为'灵活多变'"[96]（表5-6-1）。

不同区段屯堡院落空间差异   表5-6-1

所属区段	西段："一颗印"	中段：江南江淮民居	东段：窨子屋
空间图示	（a）	（b）	（c）
	宜人居家 重功能轻制度	尊卑主次 建筑呈等级序列分布	灵活多变 平面形态自由丰富
作用机制	气候差异、中原与云南文化	江南江淮宗法礼制	地形条件、商业文化

［来源：图（a）《中国传统建筑解析与传承云南卷》；图（b）《徽州传统特征图说》；图（c）《洪江古商城建筑形态与特征》］

5．不同区段屯堡建筑空间差异

驿道走廊不同区段屯堡建筑立面形态存在部分差异，如西段所属滇中一带富有青白石、红砂石，且森林、红壤资源丰富，故多用石材、木材以及泥土作为建造材料，达到保温和隔声等功效，并抵御周边一带的毒虫毒蛇和阴潮气候，其立面多石墙、土墙等形态；中段所属多喀斯特地貌，多页岩，以石头寨子为特征，立面多石墙；东段部分商贸发达的屯堡聚落，商铺商号繁多，沿街建筑有着其特别的商铺窗口，立面为木制院墙、窗口等，且受江南江淮文化影响，商铺建筑亦建有马头墙（表5-6-2）。

不同区段屯堡建筑空间差异   表5-6-2

所属区段	西段	中段	东段
空间图示			
	土墙、石墙	石墙	木墙、马头墙
作用机制	地域材料、气候差异	地域材料	商业文化、江南江淮文化

第6章

西南屯堡聚落空间的
传承与演变

6.1 西南屯堡聚落的母源地追溯

6.1.1 移民与地方史志考证

由明朝"调北征南""调北填南"而来的西南屯堡是少数保存完整的聚落，其以江南江淮汉族军士及家属为主体，至今在西南地区成片分布，数量丰富，共性特征突出，在移民聚落中保存较好。据《日本藏中国罕见地方志丛刊》(1990)、《中国明朝档案总汇》(2001)等史料记载，明初的云南诸卫、贵州诸卫的来源地均与当时的南京(即南直隶，范围为江南江淮部分地区)密切相关。据《安顺府志》载："郡民皆客籍，唯寄籍有先后，其可考据者，屯军堡子皆奉洪武教调北征南。当时之官如汪可、黄寿、陈彬、郑琪作四正，领十二操屯军安插之类，散处屯堡各乡，家口随之至黔……故多江南大族。"《镇宁县志·风俗》中亦有记载："屯堡人，一名凤头籍，多居州属之补纳、三九等地。相传明沐同公征南，凤阳屯军安置于此。"据《中国移民史》载，在明朝洪武大移民中，向西南移民221万人，贵州为首，约42万人，其次是云南，约36万人。明洪武时期，朱元璋为加强对西南地区的控制，将江南江淮地区"地狭民稠"的居民调至"地广人稀"的西南地区，迎来了西南地区史上第一次大规模的移民和开发，亦证实了屯堡人的入黔祖先大多原籍江南江淮地区，即今安徽、江西与江浙等地[94]。

6.1.2 语言学辨析

明代屯堡作为移民聚落，其地方语言的追溯亦指向江南江淮地区汉族聚落。《贵州省志·汉语方言志》中"贵州汉语方言分区及声调类型差别示意图"显示了一条东西走向，贯穿整个贵州汉语方言区的阴平调值分割线，屯堡方言岛位于分割线以北，但声调值却与以南地区更相似，声调特征的一致性，具有其深刻的历史地理文化渊源，屯堡作为移民聚落，与入黔旧路一带(与阴平调值分割线多处重合，横跨贵州省中南部到达云南的曲靖、昆明一带)的移民聚落息息相关，其声调是保留了移民语音的历史遗迹。据明代南京官话移民语言研究指出，明代贵州卫、云南卫军官平均45%以上籍贯为明代南京[97]，即南直隶，包括今安徽、江苏等地，籍贯为其他地区的较为分散，均在10%以下。在方言词汇这一层面上，屯堡话与汉语分支——曹州话(安徽省的巢湖方言)，有着不少相同之处[98]。巢湖位于安徽省中部，在明代的行政区域上属于南京府的管辖范围，巢湖周边地区是今天的南京市、凤阳滁州等地，因此巢湖话与这些地区的方言也十分相似，而在距离屯堡较近的省外区域反而未能找到如此多与屯堡话相似的方言词汇，亦证实了屯堡与江南江淮聚落有难以割裂的历史渊源。

6.1.3　文化信仰溯源

屯堡文化对传统儒忠义仁孝的坚守，使其区别于周边聚落，其中所蕴含的正统观念、家国情怀、伦理道德暨教化思想、民间信仰、经济伦理等，皆是江南江淮文化一以贯之的内涵，无不属于中华传统"大文化"涵濡孕育的产物[99]。而屯堡聚落营建中自上而下的规划特点及强烈的秩序观念，均源于中国哲学思想之宇宙系统观和阴阳五行学说。其中，屯堡营城择地、处理宅居与山水关系所追求的天人合一空间观，屯堡主导空间形态形成与演变的中轴线营建观，以及屯堡维系系统稳定的层级防御秩序观等，皆表明屯堡文化隶属于汉族文化谱系，有着相同的空间共性特征和内生文化动力[34]。

从大的文化背景来说，上述内容很难明确一定是江南江淮汉族而非其他汉族，因此该部分若要直接与江南江淮汉族关联，必须从汪公庙祭祀汪公、五显庙的渊源等方面加以说明。根据资料梳理，湘黔滇驿道走廊中段屯堡"抬汪公"、信奉五显坛神等文化表明屯堡母源地可追溯到江南传统聚落[100-102]。汪公原名汪华，是隋末唐初皖南地区的地方长官，在乱世中保境安民，使百姓免于兵乱，民感其恩，立祠祭祀。据说当时皖南地区，只要有水井的地方就有汪公庙。百姓对汪公的信仰早在江南地区就已经完成了由家族神到地域神的过渡[101]。而据《安顺府志》记载："汪公庙在城内青龙山上，祀唐越国公汪华，又各屯皆有。""正月十七伍官屯迎汪公至浪风桥。十八日夜放烟火架。狗场屯、鸡场屯（现改吉昌屯）共迎汪公。"来自安徽歙县棠樾鲍氏在贵州安顺安家后，从家乡请回汪公像，建有汪公殿。由此可见，移民聚落将对于汪公的信仰整体性地移入西南，并在屯堡区域继续保持和发扬，屯堡聚落的迎汪公习俗与江南民间的祭祀汪公之间有着十分清晰的对应关系。

屯堡地区信奉的五显坛神则直接源于宋明时期江南民间所奉的"五显"神[32]。五显神信仰在宋代已流行于今江西德兴、婺源一带，进入明代，扩大至江西、江苏、浙江、安徽一带。《古今图书集成·神异典》引《宁化县志》记载："明太祖都金陵，即都中建十四庙。一曰五显灵官庙，以岁孟季秋致祭"；引《明会典》载："洪武中，五显灵顺庙，每岁四月八日、九月二十八日遣南京太常寺官致祭"；又引《江南通志》载："华光庙，庙在金坛县慈云寺左，祀五显灵官"。由此可见，宋代和明代以来江南一带五显神信仰十分流行。据《镇宁县志·宗教》记载："五显坛供奉五显华光为主，药王（川主、土主）三圣及一切陪神皆附之。"《安顺府志》卷十五载，镇宁"正月初八，伺备华光出巡，男女老幼观者如堵"。《安顺府志》卷二十载，平坝上清溪堡的华光庙建于明代，设于清顺治初，康熙二十三年（1684年）移建于城内南街，乾隆四十年

（1775年）重修，嘉庆十八年（1813年）增修。又"五显庙各村皆有"，说明屯堡地区普遍建有五显庙或华光庙。因此，屯堡聚落与江南聚落之间存在明确的历史渊源。

6.1.4 小结

综上可见，西南屯堡与江南江淮传统聚落之间有着较为明确的族群关系。聚落族群迁徙与文化传播对异地营建产生的深远影响是聚落文脉在时空上相联系的重要佐证。两地之间的移民历史，紧密影响着其聚落营建的逻辑，映射在聚落空间的形态格局之中，凝视传统聚落空间的发展与沉淀，进一步挖掘聚落空间的丰富内涵，理清族群迁徙与空间演变的内在逻辑，能更理性地把握文化的起源、形成、演变、特质和发展趋势，理解文化的统一性与包容性特征，从而更好地传承历史文脉和坚定文化自信。

6.2 空间基因的传承与演变现象

6.2.1 样本聚落选取

通过梳理大量文献检索与传统村落名录，并开展项目实地调研，运用制图软件及量化分析方法对村落进行数据记录、梳理和总结，并进一步结合相关家谱、村志、碑刻等信息，尽可能建立聚落之间的谱系关联性，同时关注样本聚落的共性特征，选取历史、社会、自然、文化等地方特色突出和典型的样本聚落。

通过相关历史文献检索和梳理发现：吉昌屯胡氏通过精心研究，赴安徽歙县"寻根问祖"，得出明确结论"胡焱公，字子琰，生于晋代……胡焱公之三十四世孙胡宗文，祖籍江南徽州十五都六图，即安徽歙县潜口镇潜坑村。明洪武十四年（1381年）受命调北征南，征南大军攻下普定后，诰封镇南将军，留守普定卫，其子孙在安顺繁衍至今"[1]。再如，中所村附近张氏墓群旁在1988年立的《前言》一附碑上讲"张氏之始祖也原籍南京于明洪武年间应征南钦差屯于普定中所，至今二十余世……"[103]。九溪村《九溪村志》上记载的各姓始祖入黔考证，如宋姓原籍南京应天府花柳巷，始祖宋忠，封武略将军指挥等。平坝《天龙陈氏族谱》叙及开创饭笼铺始末曾有记载："入黔始祖陈，故居应天府都司巷高坎子，领通政大夫衔。"《续修安顺府志》也明确记载："鲍姓：原籍江南徽州府歙县新安卫唐樾村太和舍。洪武二年始迁。祖鲍福宝，因'调北征南'入

---

① 来源：吉昌屯胡氏家谱撰修委员会. 吉昌屯胡氏家谱［Z］，2008：36.

黔，封振威将军。卜居安顺永安屯，即今鲍家屯。"《镇宁县志》第三卷的《人物》中《伍氏三贤合传》记载："安庄伍氏其先江西人。"邓堡村传统村落档案记载，明洪武年间傅友德委派邓氏鼻祖邓洪基带队人马从江西吉安府太和县出发，经江西—湖南—铜仁，直至现今的邓堡，平定叛乱。

基于谱系研究可较为明确西南屯堡移民的来源，最终确定江苏省南京市、安徽省黄山市、江西省吉安市9个聚落以及贵州省安顺市、贵州省铜仁市、云南省曲靖市9个聚落，共18个为样本聚落。屯堡样本分布于贵州省安顺市西秀区旧州镇、七眼桥镇、大西桥镇、刘官乡，平坝区天龙镇，铜仁市松桃县寨英镇，云南省曲靖市罗平县钟山乡、陆良县芳华镇，分别为鲍家屯、吉昌屯、九溪村、天龙屯堡、周官村、雷屯、寨英村、白古村、雍家村。江南江淮样本分布于江苏省南京市高淳区漆桥街道、江宁区横溪街道前石塘、江宁区湖熟街道，安徽省黄山市歙县郑村镇、徽州区呈坎镇、徽州区潜口镇，江西省吉安市吉州区兴桥镇、吉州区樟山镇、泰和县马市镇，分别为漆桥村、石塘村、前杨柳、棠樾村、呈坎村、唐模村、钓源村、文石村、蜀口村。

通过运用空间句法、建筑测绘与制图、空间分维值量化方法、建筑贴线率、街巷界面密度、宽高比、建筑密度、形态类型归类等定性与定量相结合的研究方法对样本聚落地景层次的环境格局，聚落层次的整体布局、标志空间、街坊空间、街巷空间以及建筑层次的院落空间等内容进行比较研究，梳理出西南屯堡聚落较母源地传统聚落空间特征的传承与演变特点。

6.2.2 地景层次空间基因的传承与演变

1. 环境格局基因的传承

对比研究发现：江南江淮传统聚落与西南屯堡的聚落选址深受中国传统儒文化思想的影响，呈现出本质趋同的天人合一和理想聚落环境模式（图6-2-1、图6-2-2）。分析原因，西南屯堡聚落族群源自江南江淮汉族一脉，据史料记载，屯堡聚落的屯兵来源，一是以江苏、安徽、江西等地区为主的军队领袖人物，二是其所携兵力及军队家属，同时在"调北征南"政策主导下，不乏有周边地区的兵力集结。基于这样的历史背景，可以认为西南屯堡"背山、面水、围田"的理想聚落环境基因深受汉族移民领袖的影响，其特有的社会地位、所处的政治角色及丰富的生活阅历，使其成为聚落空间基因传承的主导角色，并在过程中表现出代表性、自主性和专业性的特征，致使聚落环境基因一脉相承。如鲍屯始祖族群与棠樾鲍氏谱系关联，族人中精通易经，善于测地，钻研风水之人不胜枚举，同时作为军队的领导者，主导着聚落的选址与营建，具有极大的话语权与极高的公信力，将江南江淮传统聚落遵循的天人合一、"枕山、环水、面屏"的理想聚落环境选址原则，一以贯之到屯堡聚落地区。

2．环境格局基因的演变

对比研究发现：江南江淮传统聚落"山—田—村—水—村—田—山"的环境序结构基因到了西南屯堡聚落发生了基因的变异，呈现出"山—村—水—田—山"，从河流穿村而过变成了面水而建的聚落环境序结构（图6-2-1）。分析原因，一是受地貌地势影响，"调北征南"驻军集中所在地位于东经105°13′～106°34′、北纬25°21′～26°38′，是世界上典型的喀斯特地貌集中地区，地下水与地表水易对可溶性岩石溶蚀并沉淀，致使屯堡聚落在具体的选址中近水但不临水，不同于江南江淮传统聚落的河流穿村而过。二是因水系在聚落中承担的功能不同，江南江淮传统聚落水系功能与聚落生活、公共活动密不可分，古桥横架，聚落环绕，水陆并行，河街相邻，人水亲近，而西南屯堡聚落水系则大多承担着农业灌溉的功能，屯田对于屯堡驻军部落而言十分重要，特别是在"八山一水一分田"的贵州，沃土与肥水是基本的生存保障。

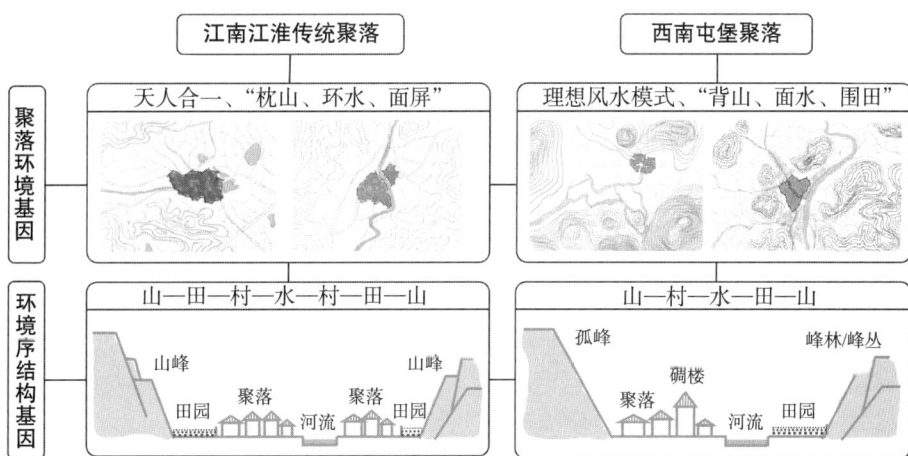

图6-2-1　江南江淮传统聚落与西南屯堡聚落环境格局空间基因对比

图6-2-2　理想聚落环境模式
（来源：陆林《徽州村落》）

6.2.3 聚落层次空间基因的传承与演变

1．聚落整体布局特征因子

1）整体布局基因的传承

对比研究发现：整体格局基因层面，西南屯堡与江南江淮传统聚落的空间基因，皆呈现出"以中为尊""以器显礼"的共性特征，表现为主街中轴式的整体格局，是儒学核心思想"忠孝为本"的具体体现；线性布局基因层面，西南屯堡主街渗透性强、可达性高的特征与江南江淮传统聚落具有较高的相似性，两者以主街为中轴线，密切联系周边空间的格局有本质的统一性；平面结构基因层面，两地聚落平面空间结构一脉相承，呈现为强结构化、高建筑丰富度和高组织效率的平面结构空间基因（图6-2-3、表6-2-1、表6-2-2）。

究其原因，两地聚落整体布局基因高度相似，实质是江南江淮传统聚落空间自身作为实体媒介，构筑了人沟通与交往的平台，并通过其物理实体传达信息，而随着"调北征南"政策的推进，人们的社会活动范围扩大，走向西南屯堡，此时聚落空间媒介表现出流动性功能，将远在江南江淮地区的地方性场景，如主街中轴式的整体格局空间基因在西南屯堡进行适应性还原，实现空间基因的异地传承。

同时，来自江南江淮地区汉族的移民作为屯堡族群的主体，必然携带着在母源地地域的环境感知。行动主体人本身及其所携文化信念、意识形态与实践能力作为非实体媒介，一定程度上决定着空间基因传承的倾向和内容。如"忠孝为本"的儒学核心思想、"居大为中""惟列府寺"的传统汉族簇居原则以及宗法礼制的理念等，这些从江南江淮聚落族群身上携至屯堡地区的深层维度空间基因，实质上是聚落空间的自组织能力，即相互制约、保持秩序的自我修复能力，它们长久地影响着屯堡聚落空间的演变与发展，使其聚落整体布局呈现组织化和复杂化的宏观有序状态。

2）整体布局基因的演变

对比研究发现：西南屯堡整体格局基因与江南江淮聚落相比，在微观细部层面出现了变异，如在聚落入口处设置屯门，主街与巷道接壤的处设置栅门，在主街空间上更为开阔，但对垂直于主街的巷道空间则呈现人为干预的封闭状态；江南江淮传统聚落的线性布局基因表现出自明性良好的特征，其可理解度均值达到0.49，而该空间基因到西南屯堡后产生了变异，可理解度均值为0.38，表现为自明性一般，即聚落空间难以较好地还原成整体空间；同样出现变异的还有平面结构基因，本章对比研究的屯堡样本聚落建筑密度由江南江淮聚落的41%提高到51%，集聚度大为提升（图6-2-3、表6-2-1、表6-2-2）。分析原因，屯堡聚落受制于地形，寻平坦地区不易，加上防御需求与自我保护的心理，形成层层防御体系，外至山坯、水坯，中至屯墙，内至整体格局中屯门、栅门的设置，都有助于聚落空间抵御外来入侵，是整体格局基因在屯堡地区的适应性改变；江南江淮传统聚落自明性良好的线性布局基因在此地变异成了自明性一般的空间表征，加上聚落平面结构基因密集度提升，使其形成对内熟悉且安全，对外陌生且无序的整体布局空间特征。

江南江淮传统聚落空间整体布局分析数据列表　　表6-2-1

序号	村落	连接值	集成度	可理解度	建筑密度（%）	公共空间分维值
1	棠樾村	3.05	0.88	0.40	42	1.51
2	呈坎村	2.97	0.57	0.40	46	1.56
3	唐模村	2.79	0.59	0.53	38	1.48
4	漆桥村	3.15	1.11	0.71	44	1.59
5	前石塘	2.66	0.61	0.48	32	1.48
6	前杨柳	2.60	0.69	0.55	37	1.53
7	钓源村	3.01	0.60	0.47	44	1.58
8	文石村	3.02	0.70	0.42	38	1.49
9	蜀口村	3.02	0.75	0.41	45	1.53
区间		2.60 ~ 3.15	0.57 ~ 1.11	0.40 ~ 0.71	32 ~ 46	1.48 ~ 1.59
均值		2.92	0.72	0.49	41	1.53

西南屯堡聚落空间整体布局分析数据列表　　表6-2-2

序号	村落	连接值	集成度	可理解度	建筑密度（%）	公共空间分维值
1	鲍家屯	2.87	0.68	0.49	53	1.55
2	吉昌屯	2.63	0.63	0.43	52	1.56
3	九溪村	2.46	0.42	0.30	63	1.57
4	天龙屯	2.39	0.49	0.36	55	1.54
5	周官村	2.83	0.68	0.57	53	1.52
6	雷屯	2.62	0.60	0.41	58	1.60
7	寨英村	2.28	0.45	0.46	51	1.52
8	乐民村	2.22	0.99	0.22	37	1.53
9	倘塘镇	2.67	0.47	0.20	38	1.50
区间		2.22 ~ 2.87	0.42 ~ 0.99	0.20 ~ 0.57	37 ~ 63	1.50 ~ 1.60
均值		2.55	0.60	0.38	51	1.54

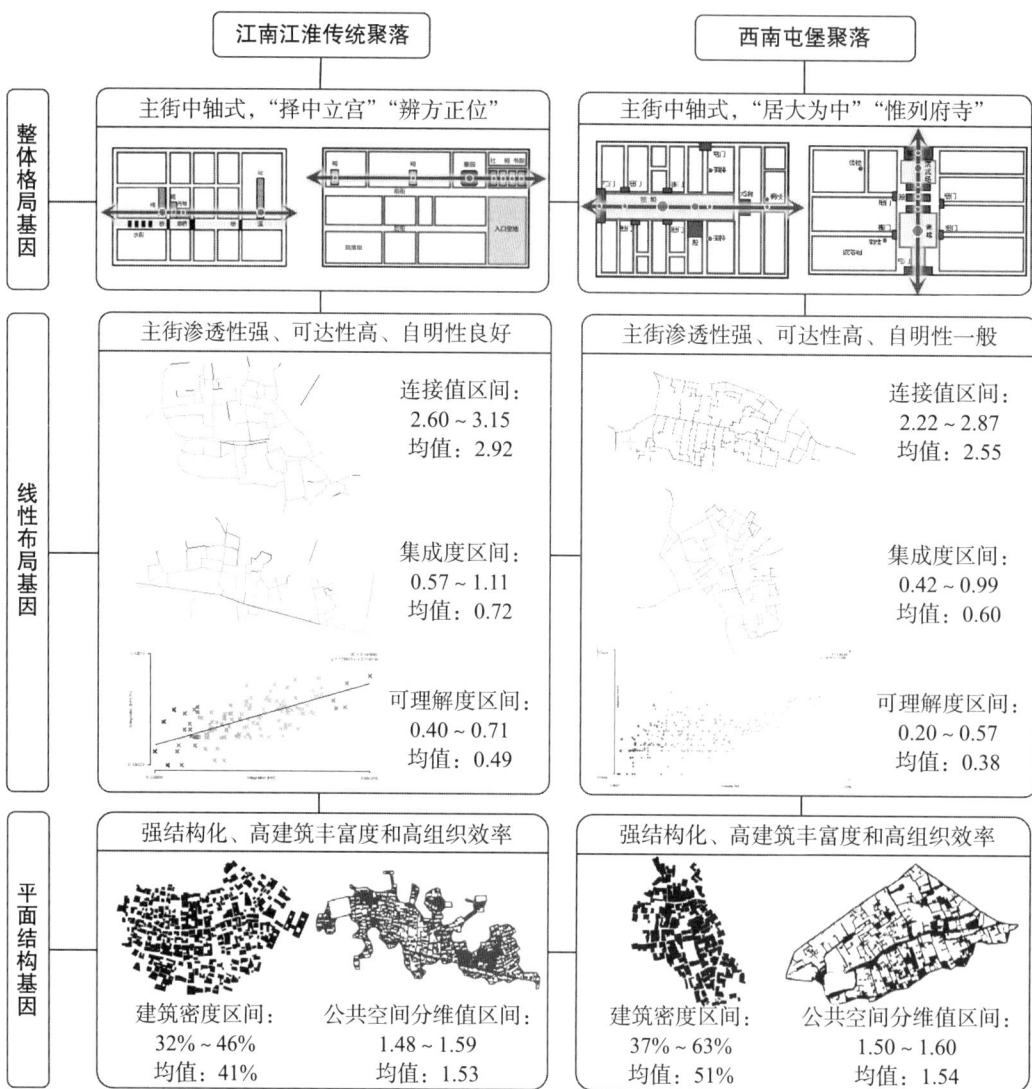

图6-2-3 江南江淮传统聚落与西南屯堡聚落整体格局空间基因对比

2. 聚落标志空间特征因子

1）标志空间基因的传承

对比研究发现：江南江淮传统聚落"门厅—享堂—寝堂"的标志空间序列基因与西南屯堡"前殿—中殿—上殿"的序列基因特征，是内核一致的前低后高、层层渐升的空间序列结构；两地的标志空间位置基因皆呈现为中轴线核心位置，或聚落入口开阔处以及各组团核心处，是信仰占据主导的选址偏向，表明基因传承的原真性良好（图6-2-4、表6-2-3）。分析原因，屯堡聚落标志空间以宗祠、庙宇等信仰空间为主，位于聚落核心位置，与周边族群呈现不同的信仰空间。布依族的一般村寨没有复杂的公共建筑，其以稻作及渔猎文化为主，常有的祭祀活动在堂屋举行，而大型公共活动只在晒坝内举行，在布依族的宗教信仰中，多是原始崇拜，是对于自然界动植物的崇拜，因此宗教活动都围绕着村寨内的大树举行。[104] 究其根本，西南屯堡聚落传承了江南江淮聚落的信仰精神与宗族理念，并在异地进行标志空间基因的适应性表达，其对信仰空间的坚持继承，亦是对母源地身份的自证。

2）标志空间基因的演变

江南江淮传统聚落标志空间通常以宗祠为主，其空间基因在屯堡地区变异为信仰多元的泛神论特征；屯堡聚落的标志空间规模基因，变异为面积缩小、进深变弱，规模上远不及母源地（图6-2-4、表6-2-3）。分析原因，江南江淮传统聚落是典型的族权空间，祠堂是其聚落空间的核心，屯堡聚落虽立宗祠，但其受到经济水平的限制，规模远不及江南江淮聚落。同时，屯堡作为移民聚落，其寻根溯源与身份构建的需求，进一步

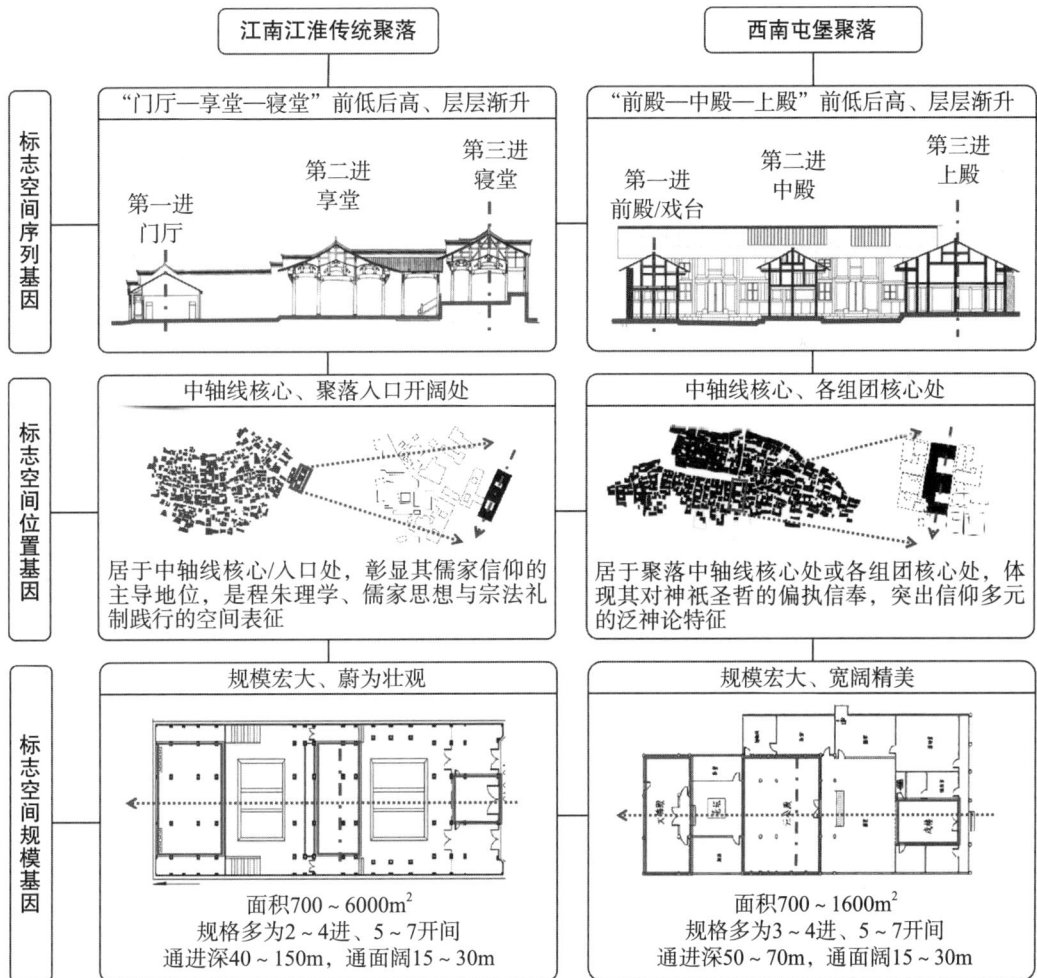

图6-2-4　江南江淮传统聚落与西南屯堡聚落标志空间基因对比

强化了江南江淮地方神信仰在其空间中的位置，因此汪公庙、五显庙、土地庙等较为独立、微型的信仰场所成为屯堡聚落移民社会认同的标志，母源地基因到了屯堡地区，适宜性变异重组，融合地方信仰，呈现泛神论特征。

江南江淮传统聚落标志空间示例

表6-2-3

标志空间图示	序列结构
 （a）	名称：钓源村欧阳式总祠 特征：门厅—享堂—寝堂 描述：平面形式方正严整，形制多为三进两院式，也有的为两进一院式。祠堂中轴对称，强调建筑礼制。沿中轴线依次为门厅、享堂和寝堂，并用天井和连廊将各部分串联
 （b）	名称：漆桥村孔氏宗祠 特征：门厅—享堂—寝堂 描述：孔氏宗祠位于核心位置，呈现一进门厅、二进享堂、三进寝堂的序列结构，内设有戏台，后置有院落。第一进、第二进由两面山墙隔开，第一进大门内为仪门，第二进左、中、右分别为崇圣殿（供奉孔子五代王）、大成殿（供奉孔子和四配）、崇礼堂（执行宗法族规之处），第三进左、中、右分别为南厅、祖先堂与戏楼、北厅，戏楼与祖先堂东西对望，堂左为神龛、老灶，堂右为宝盈、厨房、宿舍，第四进为院子，一侧是节孝祠
 （c）	名称：棠樾村墩本堂 特征：门厅—享堂—寝堂 描述：墩本堂（男祠）位于村入口处，并伴有前坦空间，规格为三进五开间，头进门厅已毁，二进享堂层高11.16m，三进寝堂地面升高2.5m，层高12.58m，是十分典型的三级层层渐升式空间序列

［来源：图（a）汤移平. 基于遗产价值认知的传统村落保护规划研究——以钓源村为例［J］. 农业考古，2021（3）：263-271，图（b）《历史文化名城名镇名村——漆桥村》《漆桥历史文化名村保护规划（2017-2030）》，图（c）《徽州古建筑丛书——棠樾》］

3. 聚落街坊空间特征因子

1）街坊空间基因的传承

对比研究发现：西南屯堡聚落一脉相承江南江淮传统聚落"'间/厢'空间→合院空间→院落组空间→街坊空间"街坊层级结构基因，其空间基因传承的原真性较好。从不同形态的合院空间，乃至典型的江南江淮三合院、四合院空间，再至合院纵横组合成的院落组空间，最后到层级结构完整的街坊空间，屯堡聚落街坊层级结构基因既是对母源地的完美继承，也是对满足自身防御需求的提升。再者，屯堡聚落群体组合模式基因亦是继承了江南江淮聚落"并列式与围合式"共存的特征，这与安顺地区其他族群的串联式、一字排开式群体组合呈现较大差异（图6-2-5）。分析原因，江南江淮汉族族群将以宗族聚集为核心的理念，带至远在西南的屯堡聚落，寻求家族集聚和内向团结发展的心愿，虽在后续的发展中，逐渐从血缘组织外向发展至地缘组织，但对外封闭的属性未曾改变，聚落呈现院落组团模式，具有强烈的向心性和统一性。

2）街坊空间基因的演变

屯堡的群体组合模式基因，基于地方的适应性变异，从江南江淮传统聚落组群围合式的模式转变为"户自为堡"的单体围合式，合院单元外石内木，石墙厚至50cm，同时偶有附着碉楼，单体防御性大大提升（图6-2-5、图6-2-6）。分析原因，江南江淮传

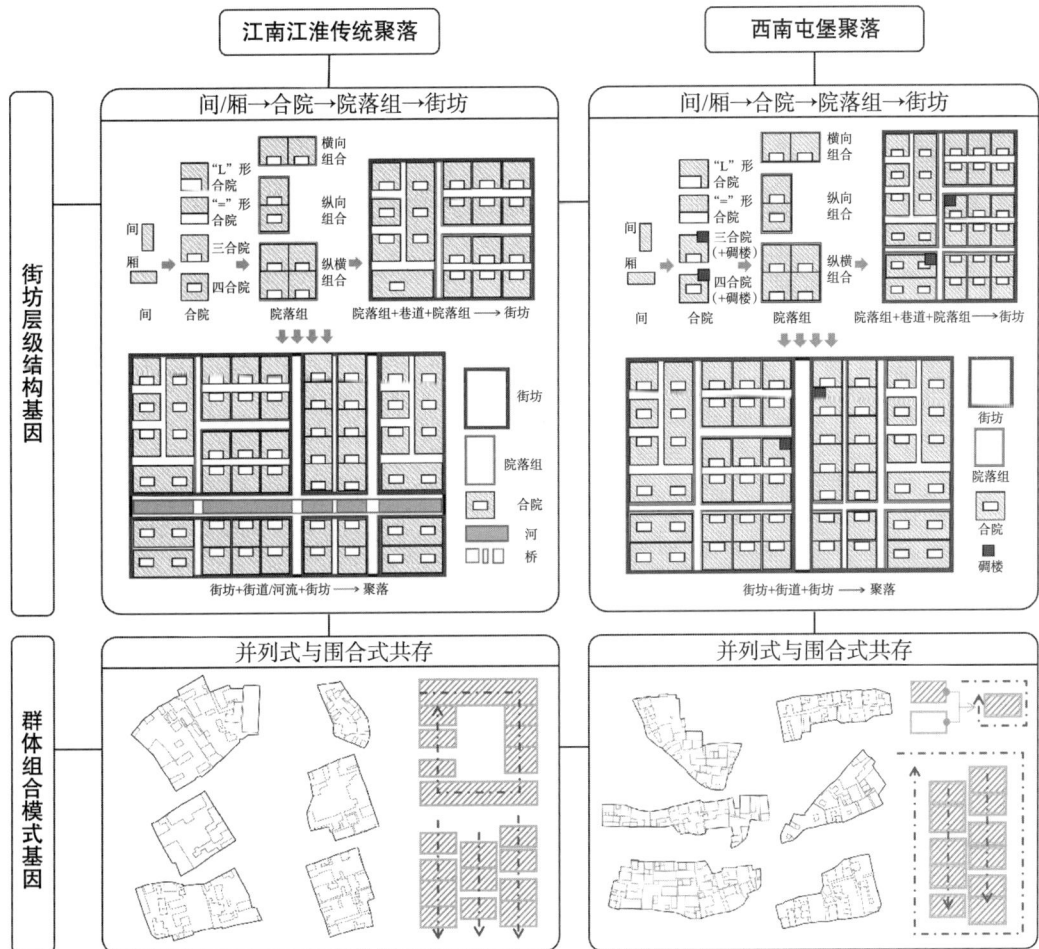

图6-2-5　江南江淮传统聚落与西南屯堡聚落街坊空间基因对比

图6-2-6 西南屯堡聚落合院单元"外石内木"

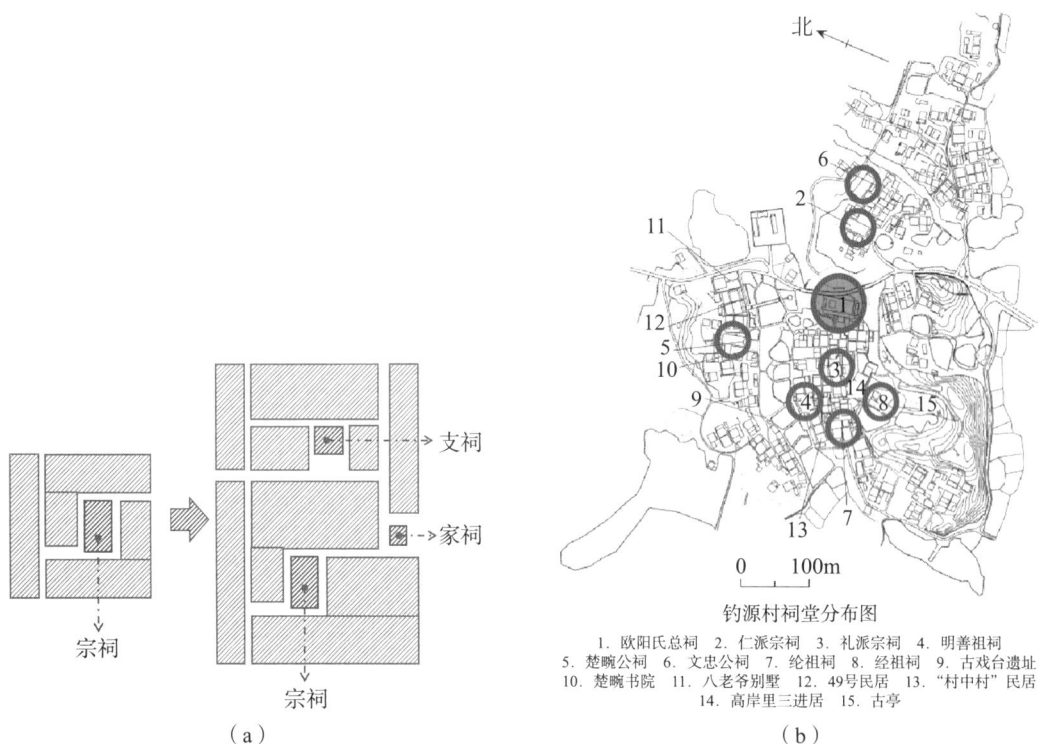

（a）

钓源村祠堂分布图

1. 欧阳氏总祠 2. 仁派宗祠 3. 礼派宗祠 4. 明善祖祠
5. 楚畹公祠 6. 文忠公祠 7. 纶祖祠 8. 经祖祠 9. 古戏台遗址
10. 楚畹书院 11. 八老爷别墅 12. 49号民居 13. "村中村"民居
14. 高岸里三进居 15. 古亭

（b）

图6-2-7 江南江淮传统聚落宗祠主导的群体组合模式

［来源：图（a）自绘，图（b）改绘自汤移平. 江西吉安钓源村［J］. 文物，2021（10）：88-97］

统聚落的围合式院落群体组合模式基因，大多受到组团内宗祠布置的影响，以宗祠为中心，围合营建，呈现群体围合状态。如钓源村以祠堂为先，如欧阳氏总祠、礼派宗祠、仁派宗祠等位于村落入口或中心，民居围绕着祠堂布置呈现出很强的向心性，聚落主体建筑突出、空间层次分明，有利于巩固宗族关系、凝聚族人，充分体现了祠堂在村落发展建设中的控制作用[105]（图6-2-7）。而屯堡汉族移民，自迁徙至西南地域始，便是多姓氏多家族集聚，而不是明确的单一庞大宗族聚族而居，故而传统江南江淮汉族以宗祠为核心建造的组团围合式，在此地变异为院落单元户自成堡，组团内纵列紧密排布，聚落内集聚，单体围合、整体封闭式的街坊空间特征。

4. 聚落街巷空间特征因子

1）街巷空间基因的传承

对比研究发现：西南屯堡聚落继承了江南江淮传统聚落街巷平面平整性与连续性良好、高密集度的基因特性；街巷立面基因层面，江南江淮传统聚落街巷立面形态与相交形式到了西南屯堡，呈现出特征趋同的街宽巷窄、曲折性与多向性并置的街巷立面空间基因；街巷界面基因层面，江南江淮传统聚落的砖雕门楼、建筑外墙上的狭窄防盗窗等元素，在西南屯堡的街巷界面空间也有所呈现，如屯堡聚落中大多民居外立面都建有垂花门楼，其作为房主身份地位和财力的象征，从江南江淮一脉相承至屯堡聚落，以及屯堡聚落外墙上的小型通风空洞、微型射箭孔与江南江淮聚落十分相似，都承担着通风、透气、防御和防盗等功能（表6-2-4、表6-2-5、图6-2-8）。分析原因，江南江淮传统聚落街巷平面和立面空间基因传承稳定，在西南屯堡聚落基因表达较为相似，实质上是受到将军、族长、堪舆师、工匠等经验领袖的主导作用，其掌握主要决策权与专业话语权，控制着江南江淮传统聚落街巷空间基因在西南屯堡的在地性表达。

2）街巷空间基因的演变

本章选取的西南屯堡样本聚落的主街建筑贴线率均值为80%，主街界面密度均值为88%，相比其母源地传统聚落的68%与81%，呈现出更为连续与密集的特征；街巷立面层面上，西南屯堡与江南江淮传统聚落的巷道宽高比较为相似，皆小于1，表现出紧迫感，但屯堡主街宽高比最高达到5，是江南江淮聚落最高值的五倍，母源地空间基因在异地的变异较大；在街巷界面基因层面，江南江淮传统聚落街巷界面呈现齐整、精美、秩序感强的气质，而屯堡街巷界面则表现为随意、精巧和封闭感强的风格（图6-2-8、表6-2-4、表6-2-5）。分析原因，屯堡聚落以生存与防御为营造要旨，在用地紧张和明清时期社会背景不稳定的西南地区，母源地街巷平面基因在屯堡适应性变异，呈现防御性更强，土地利用率更高，同时基于屯堡屯兵的需求，设置较为宽阔的主街与场坝空间，用作日常排兵演练等，造成其主街宽高比远大于母源地聚落空间，再者因为经济条件相比母源地较为落后，加之地域性材料受限，屯堡聚落的街巷界面更为随意与朴素，地方性材料的使用特征也更为突出，如白果形或鱼鳞形铺设的喀斯特页岩屋顶，便是十分巧妙地利用石板材料，其较好的不透水性有助于抵御屯堡地区潮湿多雨的气候。而用碎石板随意铺砌的巷道，虽然呈现朴素简陋的气质，但能在多雨的情况下保持整洁，防止滑倒。江南江淮传统聚落街巷界面基因在西南屯堡的演变，很大程度上受到地域性材料的影响，石材的广泛运用，使得屯堡聚落呈现"石头寨子"的聚落印象，体现出浓郁的喀斯特地貌特征。

江南江淮传统聚落街巷分析数据列表　　　　　　表6-2-4

序号	村落	主街建筑贴线率（%）	主街界面密度（%）	主街宽高比	巷道宽高比
1	棠樾村	75	85	0.65～0.95	0.32～0.42
2	呈坎村	69	85	0.25～0.33	0.08～0.22
3	唐模村	64	72	0.50～1.00	0.17～0.50
4	漆桥村	82	88	0.50～0.63	0.22～0.33
5	前石塘	58	75	0.50～1.00	0.17～0.25
6	前杨柳	72	85	0.59～1.00	0.24～0.56
7	钓源村	65	80	0.67～1.14	0.23～0.50
8	文石村	60	75	0.65～1.20	0.21～0.50
9	蜀江村	70	82	0.63～1.00	0.26～0.45
区间		58～82	72～88	0.25～1.00	0.08～0.56
均值		68	81	—	—

西南屯堡聚落街巷分析数据列表　　　　　　表6-2-5

序号	村落	主街建筑贴线率（%）	主街界面密度（%）	主街宽高比	巷道宽高比
1	鲍家屯	85	93	0.75～5.00	0.19～0.67
2	吉昌屯	86	94	1.25～4.00	0.19～0.63
3	九溪村	91	96	0.25～0.75	0.13～0.33
4	天龙屯	76	87	0.38～1.25	0.13～0.42
5	周官村	72	78	0.25～0.90	0.16～0.34
6	雷屯	81	90	0.75～2.50	0.25～0.95
7	寨英村	87	90	0.43～1.67	0.14～0.67
8	乐民村	73	78	0.50～1.23	0.14～0.25
9	倘塘镇	70	82	0.60～1.08	0.18～0.36
区间		70～91	78～96	0.25～5.00	0.13～0.95
均值		80	88	—	—

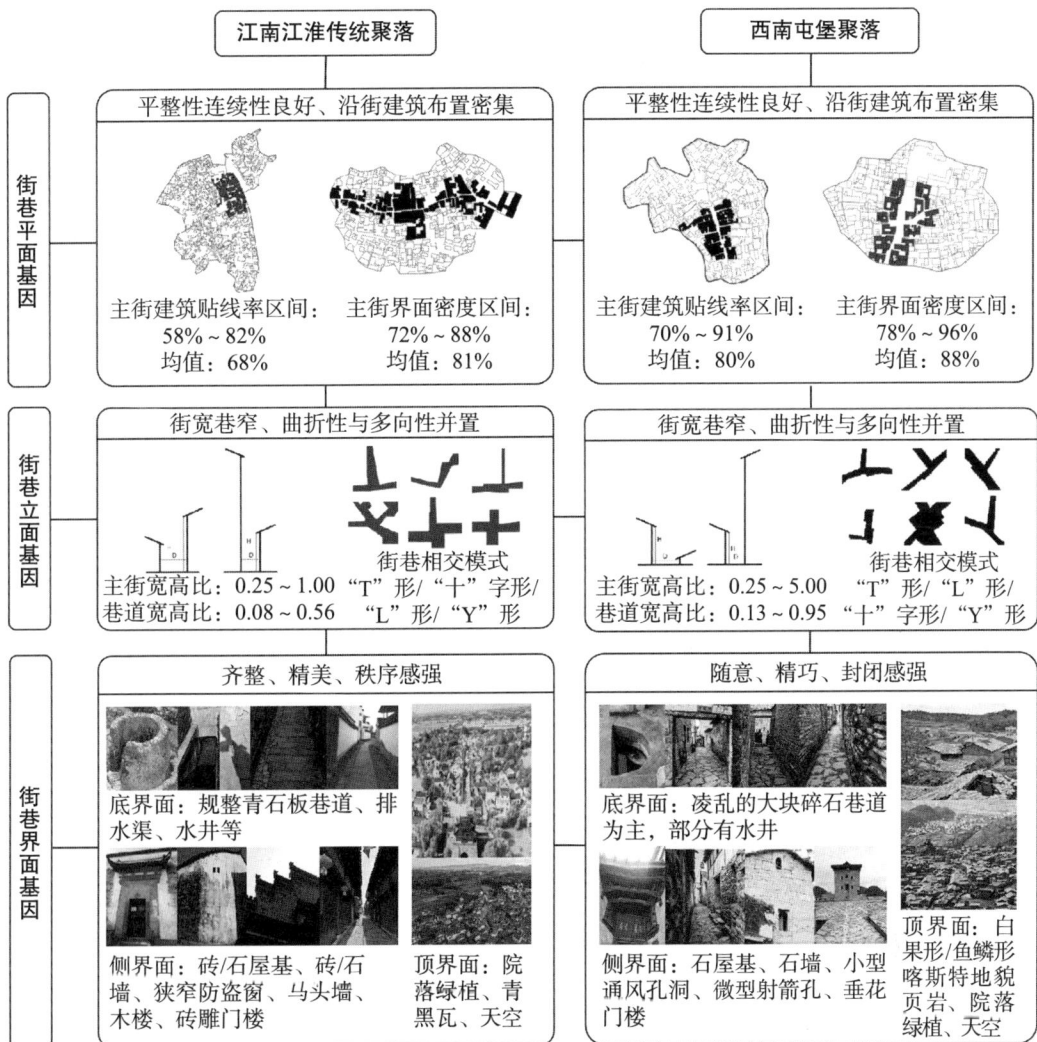

图6-2-8　江南江淮传统聚落与西南屯堡聚落街巷空间基因对比

6.2.4　建筑层次空间基因的传承与演变

1. 院落空间基因的传承

对比研究发现：江南江淮传统聚落"门厅/天井—厢房—厅堂"的院落形制基因与西南屯堡聚落"正房—厢房—庭院/天井"的院落特征，呈现为内核一致的中轴对称院落；两地聚落在厢房形态尺寸、厅堂形态尺寸和院落层高等院落规模基因上十分相似，皆表现为高墙封闭的基因特征；在院落装饰基因层面，西南屯堡聚落呈现与江南江淮传统聚落一脉相承的汉族纹饰、木石雕精美雅致、木石构建雕饰不繁、灵活大气的基因特征（图6-2-9）。分析原因，江南江淮传统聚落将其院落形制的空间伦理秩序一脉相承至西南屯堡地区，并将尺度适宜的院落规模基因一以贯之，是江南江淮汉族移民对母源地环境感知的异地还原与复现，并借助精美的木石雕、汉族纹饰等，表达其特殊的地位等级。究其根本，是寻求母源地身份认同与满足族群势力的心理需求。

2. 院落空间基因的演变

江南江淮传统聚落院落形制基因呈现组合式多进院落特征，形成前公后私、纵深自足型的家族居住空间，而西南屯堡聚落院落空间基因则变异为组合式一至二进院落，对外封闭私密、对内通透明朗的家族居住空间；在院落规模基因层面，江南江淮传统聚落的天井空间呈现狭长形，到了屯堡地区后，基因变异为四方形的天井抑或开阔的庭院空间，且面积也由10～20m²扩增到10～30m²。相反，在院落进深上，屯堡聚落呈现缩短的变异特性；在院落装饰基因层面，屯堡较其母源地，稍为逊色，虽精巧雅致，但未及江南江淮聚落装饰遍布、精美不已（图6-2-9）。分析原因，屯堡聚落受地形限制、移民家庭核心化等制约，院落相较江南江淮聚落进数减少、院落空间进深感减弱，无法做

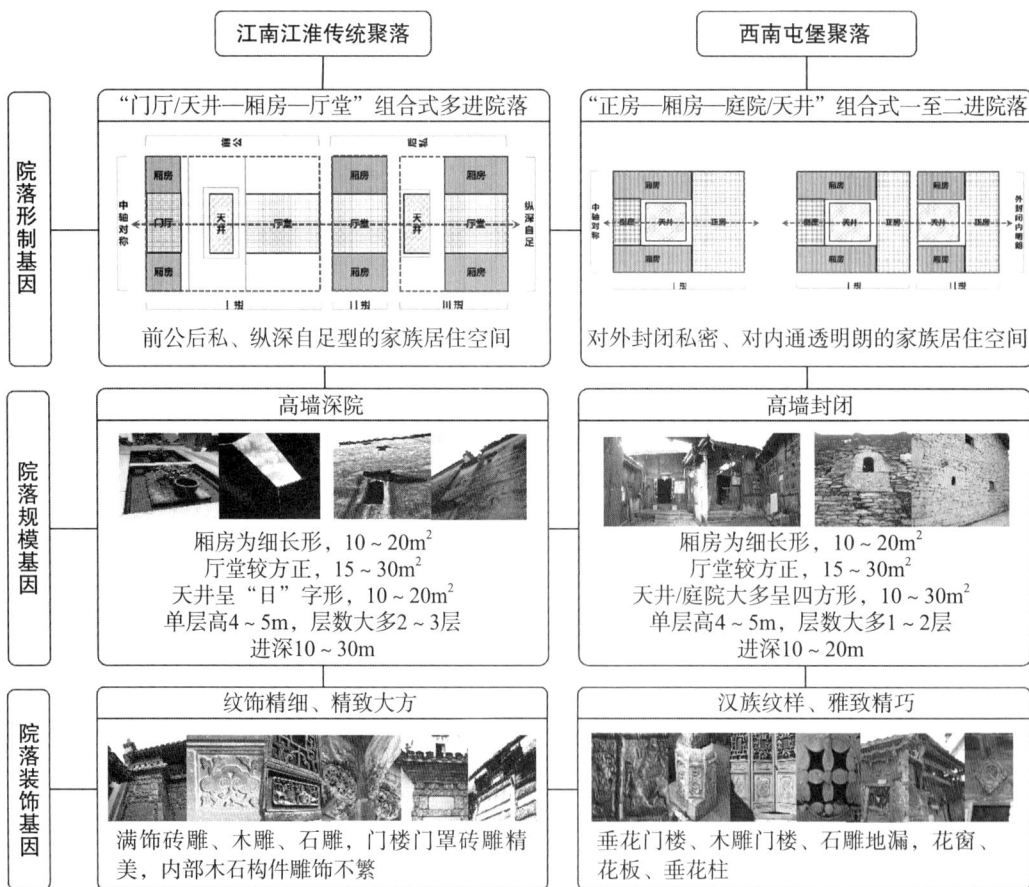

图6-2-9 江南江淮传统聚落与西南屯堡聚落院落空间基因对比

到江南江淮聚落纵深自足型的家族居住空间，但仍保持较高的封闭性与防御性；再者，受制于气候影响，屯堡集聚区地处云贵高原，多雨潮湿，太阳光照少，天井空间扩增，甚至变为庭院，由狭长形变为四方形，空间开阔，增加日照的同时便于家族内部公共活动；而院落装饰基因的变异，则主要受制于经济条件，屯堡聚落经济条件较江南江淮地区落后，其装饰精细程度较江南江淮聚落仍有一定差距。

6.3　空间基因传承与演变的动力机制

6.3.1　"调北征南"背景下的移民涌入

在交通和通信落后的古代，人口迁徙是文化传播的主要途径。一般而言，随着人口空间位置的改变，这一人口群体所特有的文化，包括语言、风俗、宗教、建筑等文化要素也会随之传播到新的地区。移民人口数量越庞大，其文化特质越明显，在移居地保存的时间也越长，其对当地文化的影响也就更大。而移民文化特质的不同往往取决于移民的籍贯因素。与因战争、灾荒和人口稠密而引起的移民不同，军事移民主要是由于朝廷的强制调动，相对来说，这种调动较少考虑到移出地的人口状况和经济发展水平[106]。而屯堡就是源自明朝政府"北守南进"的战略，是派军"征南"和随后"填南"军事行动的产物。聚落的营建与形成从一开始就体现了强烈的国家意志与政治色彩[99]。随着大量的移民涌入西南地区，江南江淮传统聚落携带着母源地的空间基因在此驻扎，不可避免地会发生空间基因的传承与演变。可以说，移民的大规模涌入是聚落空间基因传承与演变不可或缺的先决条件，是十分强有力的政治动力。

6.3.2　母源地文化异地重组的强烈需求

移民族群对母源地文化异地重组的强烈需求是聚落空间基因传播的强大驱动力。江南江淮屯兵部落及其移民族群对母源地文化的长久适应及生存，使其已经形成生产生活上的习惯，这也导致其初到西南这片陌生的地域存在不适，衍生出文化的陌生感。在这样的背景下，族群对母源地汉族文化的向心力与认同感更为强烈，其对自我身份的复杂定义及对母源地文化的单向归属，文化自信与权势自重的族群心态，驱动着江南江淮传统聚落空间基因在西南地区的传播，母源地感知环境的场景式复现与异地重组，是对屯兵部队的精神安抚与心理修复，有助于稳定迁徙族群的集体不安情绪，有利于他们在西南地区的长久生存与发展。如屯堡聚落对江南江淮传统聚落以中为尊、以器显礼的整体格局基因、"'间/厢'空间—合院空间—院落组空间—街坊空间"的街坊层级结构基因以及前低后高、层层渐升的三级标志空间序列结构基因的延续，本质上都是对母源地文化信仰的继承，这些空间基因传播至西南屯堡，依旧保持着较好的原真性，与迁徙族群强烈的思想和精神需求息息相关。

6.3.3 土地资源、气候条件及地域材料的客观限制

江南江淮传统聚落空间基因在西南地区发生了许多演变，这与当地紧张有限的土地资源、日照时数较少的气候条件以及石材为主的地域材料息息相关。这些环境因素是空间基因演变发生的客观条件。地势低平、土层较厚、水源较为充足的坝子，主要分布在黔中及滇中、滇西北一带，滇黔古驿道的分布虽然属于地势较为平坦的区域，但相比江南江淮一带，土地资源也较为贫瘠，而屯兵部队除了排兵演练需要较为开阔平坦的场地之外，还有生存需求，即屯田戍守，只有尽可能地选择沃土肥水屯田，才有足够的粮食保障作战与生存。江南江淮地区土壤肥沃、水系发达，而在西南区这样紧张的用地情况下，聚落空间基因难以再保持原有特征复制表达，唯有演变，才能适应生存。

同样，西南地区的日照时数相比江南江淮地区较少，在"天无三日晴""一雨便成冬"的气候条件下，江南江淮传统聚落的空间基因必然会经历异地适宜性演变，如聚落院落空间中的天井规模形制，就由狭长形、局促状演变为四方形、开阔状的空间基因。

再者，西南地区岩溶地貌分布范围广泛，尤其云南东部及贵州区域岩溶地貌发育非常典型。在这样的地貌条件下，江南江淮传统聚落的空间基因呈现出地方性演变的趋势，不同于母源地的青砖材料，屯堡聚落充分利用当地喀斯特页岩等地域石材，使得聚落空间基因发生演变，呈现出不同于母源地"青砖灰瓦"的"石头寨子"的基因特征。

6.3.4 财力差异下的选择性、适应性营建

江南江淮传统聚落历代以来靠近或处于政治中心，社会局势较为稳定，族群发展走向良好，财富积累更是不计其数，而西南屯堡聚落所处位置远离政治经济中心，发展较为动荡，更难言财富积累，其与江南江淮聚落的财力差异之大，亦是难以细数。在这样的经济背景下，屯堡部队迁徙至此，即便携带着一定的财富积蓄，亦是难以与母源地齐衡。财力差异导致聚落空间基因的异地传播发生演变，屯堡聚落为了满足基本生存，选择性地放弃母源地部分空间基因特征，如遍地富丽堂皇、繁花似锦的装饰基因，转而演变为院落与标志空间局部装饰精美的基因特征，同时适应性地进行异地营建，如虽保留宗祠等信仰空间基因，但呈现出规模上缩小、进深上减弱的空间基因演变特征。

第7章

西南屯堡聚落与周边
聚落的空间交融

7.1 西南屯堡聚落与周边聚落的文化融合背景

7.1.1 西南族群关系的变迁及其文化传播

湘黔滇古驿道途经湖南、贵州、云南三省，既是稳定西南边陲的军事干线，也是连接西南与汉族文化的交通廊道。这条线路的畅通，为该线路沿线的城镇提供了较多的经济交往机会，也为西南地域的原生族群带来了汉族先进的农耕技术，还为汉族正统儒学的推广提供了深入西南腹地的传播渠道。大量汉族移民沿着驿道来到此地，与周边苗、侗、彝、瑶等民族形成相互交错、杂居与共居的格局，由驿道构筑的多族群互相交往、互相依存形态弱化或淡化了地域不同文化与族群的界限，使得西南地域内各族群间的文化能够多方面、多尺度交流，同时加强了西南地区与周边邻省及汉族文化的文明对话，并以此发展和扩散开来，加速了西南地域内各族群与内地汉族文化的融合，奠定了中华文明不可分割、相互统一的地理基础[107]。

明初，西南地区人地关系的突出特征是"地广人稀"，各族群间的地域碎片化、文化隔绝化成为当时的社会文化基础[108]。为剿灭元朝余部，明政府实施"调北征南"政策，由此西南地区形成了以卫所制为基础的军屯聚落体系。而随着"改土归流"政策的实施、封建流官统治的扩大，西南地区成了"调北填南"的重点区域，这也为难于谋生的汉族农民、手工工匠、商贩提供了在西南地区谋生和落籍的机会。基于"调北征南"的背景，卫所屯田、改土归流、移民就宽乡等政策的实施，军屯聚落变成容纳军队、军屯后裔、工匠、商人、调北填南汉族移民等多元移民族群的主要居住场所，这些屯堡汉族移民不仅改变了西南地区内的族群结构，还从某种程度上影响了西南多元文化的格局，并形成了极具地域特色的"屯堡文化"现象。此外，还出现了土司与卫所相挽、军伍、汉民与其他族群杂处的居住格局[108, 109]。清代西南族群人口构成和地理分布格局，与明代相比并未发生逆转性变化，只是在明代的基础上强化了政治统治、思想教化和经济文化的设施建设，一定程度上为族际交往提供了良好的社会基础与条件，加速了人口流动及多元文化的碰撞、交流与融合，推动了西南地区文化的传播，促使各族群在留有其自身优秀传统文化的基础上，不同程度地且有选择地吸取了其他文化。

7.1.2 屯堡与周边聚落的文化交融

西南屯堡聚落的集聚区位于滇黔古驿道区域内，其汉族后裔与当地族群聚居于此，有苗族、仡佬族、布依族、彝族和壮族等。在西南地区走廊文化的谱系研究中，传统村落族群文化谱系多样性中的融合性特征比较明显，且以汉文化为纽带，各谱系在走廊中"多元共生""多元一体"格局特征更为突出[110]。清初，屯堡汉族族群与当地其他族群的关系日趋缓和，使多族群"和平共处"局面进一步扩大。屯堡汉族族群与其他族群的居住空间逐步演变成"大杂居小聚居"的形态[99]，有助于边疆维稳，更促进了多元文化的交融共生，奠定了文化共同体和谐繁荣发展的基调。

据《黔南识略》记载，贵阳"五方杂处，江右、楚南之人为多"，地处黔北的遵义府"汉多苗少"，修文县"汉民多于苗民十之八九"，《黔南识略》记载："普定县，附郭……国朝康熙十一年改卫设县，裁定南所及西堡、宁谷二土司入之……汉庄苗寨共三百五十有九"，"安平县……凡军屯所驻曰所，苗所瞩驻曰枝，县有内外十二枝……通属村寨皆汉、苗错处……"[111] 由于大量汉族人口迁入，促成了多族群并处的住居格式。客观上强化了不同族群之间的交往与交流。清道光二十七年（1847年）罗绕典修《黔南职方纪略·安顺府》卷一记载："民之种类，于苗民之外，有屯田子、里民子，又有凤头鸡，凡此诸种，实皆汉民，然男子汉装，妇人服饰是苗非苗。询之土人云，洪武间自凤阳拨来安插之户，历年久远，户口日盈，与苗民彼此无猜。"据《仡佬族百年实录》记载，仡佬族早就吸收了汉族文化，放弃了自我语言，转而使用汉语。可见，屯堡人与周边族群"彼此无猜"，是屯堡人与周边族群关系的转折点。而在一则流传于屯堡人中的祭父文中有这样的句子："……不能再见父容面，椎牛祭墓徒枉然。""椎牛"一词指的是苗族、布依族、仡佬族人祭父时杀牛砍戛的习俗，屯堡人的祝辞中借用这种故事，表明他们在祖宗面前对其他族群习俗的亲切认同。屯堡人用于宗教活动的祭文或祝辞，至今保存下来的有40余种，都是在严肃的气氛中诵读，措辞都很讲究，由此可见屯堡文化向周边族群文化的吸收和借鉴[111]。

综合上述，结合课题组在实地调研中的发现，西南屯堡聚落及周边民族聚落，无论在聚落空间的形态特征上，还是在文化上均存在一定的相似性，从聚落和民居的选材、空间布局乃至文化观念等方面均有所体现，因此猜想，西南屯堡聚落与周边族群聚落间是否会因为族群文化的传播致使各族群聚落的部分文化产生变迁，进而促使聚落空间基因做出自然适应性、社会适应性及观念适应性的调整，并进一步引起聚落营建观念及其表现形式的改变。

7.2 空间基因的交融现象

7.2.1 样本聚落选取原则

研究首先对屯堡聚落与周边族群聚落中的相关工艺技术、日常生产生活方式、文化特征及地理分布的位置关系进行了相关的实地踏勘与资料搜集，最终选取8个屯堡传统聚落，分别为吉昌屯、雷屯、本寨屯、九溪村、云山屯、猴场屯、詹屯、周官村。周边其他8个民族传统聚落，分别为镇山村、高荡村、龙青村、绿泉村、滑石哨村、官寨村官寨组、勇江村勇克组、革老坟村作为研究对象（表7-2-1）。

通过聚落边界形态指数、建筑测绘与制图、空间分维值量化方法、建筑贴线率、街巷界面密度、宽高比、建筑密度、形态类型归类等定性与定量相结合的研究方法对样本聚落地景层次的环境格局，聚落层次的整体空间、街巷空间、街坊空间、标志空间，以及建筑层次的院落空间等内容进行比较与研究，梳理归纳出西南屯堡聚落与周边其他民族聚落空间之间交融衍化现象。此外，西南屯堡聚落数据及图纸分析已在上述第二至五章提及，遂本章不再单列，并在分析中附上周边族群聚落数据列表及样例图示。

空间基因交融现象研究样本聚落

表7-2-1

市（县、区）	村落名称	批次
贵阳花溪区	批林村、镇山村	第一批
贵阳开阳县	马头村	第一批
	黄木村、佘家营村、东官村、毛栗庄村	第五批
安顺市西秀区	鲍家村、石板房村、云山屯、吉昌屯	第一批
	猴场屯、雷屯、本寨屯、秀水村、花庆村、勇江村勇克组、高官村、金山村	第三批
	山京村、马牛村、西陇村、仁岗村、罗大寨村、郭家屯村、詹屯、海马村、绿泉村、顺河村、龙青村、周官村、官寨村	第四批
	油菜湖村小苑组、蔡官屯、九溪村、格来月村、嘉穗村、大寨村	第五批
安顺市普定县	下坝屯村	第一批
	陈旗堡村、猛舟村	第三批
	云盘村	第四批

市（县、区）	村落名称	批次
安顺市镇宁县	高荡村、革老坟村	第二批
	竹王村、大洋溪组、募龙村、石头寨村偏坡组、油寨村山岔组、石头寨村石头寨组、白水河村殷家庄组、滑石哨村	第三批
	官寨村官寨组	第四批
	陇西村二三组、木志河村下院组	第五批
安顺市平坝区	白云村、车头村、高寨村、大屯村、小屯村	第四批
毕节市织金县	阳光村营上古寨	第二批
遵义市（播州区）	苟坝村、毛石村	第三批
遵义市汇川区	海龙屯村	第四批
遵义市仁怀市	两岔村	第五批
黔东南麻江县	六堡村、河坝村、复兴村	第二批
黔南凯里市	岩寨村、角冲村、六个鸡村、清江村	第五批
黔南都匀市	绕河村、新场村	第三批

7.2.2　地景层次空间基因的交融

1．建筑群边界呈现灵活多向的共性特征

通过分析特征因子边界形态可知，屯堡与周边族群的聚落边界形态中，以团带状、指状聚落居多，呈现出不同于江南江淮地区以团状为主的建筑群边界，表现更为灵活、适地性更强的多向性特征（表7-2-2~表7-2-4）。分析原因：①屯堡和周边族群聚落因西南喀斯特地貌的影响为获得更多的生存空间多顺应地形发展，因自然线性限制条件的随机性和多向性，故位于山谷洼地间的聚落多为指状和带状聚落；②屯堡聚落出于战时供粮的需求，多强调屯田的重要性，而周边族群聚落受农业生产的影响，重视农田的占地规模，因此为预留更多的生产空间，其聚落规模较小，聚落边界多以团状为主。

西南屯堡聚落边界分析数据列表　　　　　　　　表7-2-2

序号	村落	长宽比λ	形状指数S	边界形态特征
1	吉昌屯	1.70	1.05	带状倾向的团状聚落
2	雷屯	1.10	1.44	团状聚落
3	本寨屯	1.74	1.18	带状倾向的团状聚落

序号	村落	长宽比λ	形状指数S	边界形态特征
4	九溪村	1.05	1.27	团状聚落
5	云山屯	3.01	1.55	带状聚落
6	猴场屯	3.02	1.85	带状聚落
7	詹屯	1.07	1.23	团状聚落
8	周官村	1.46	1.45	团状聚落
区间		1.05 ~ 3.02	1.05 ~ 1.85	—
均值		1.77	1.38	—

周边族群聚落边界分析数据列表   表7-2-3

序号	村落	长宽比λ	形状指数S	边界形态特征
1	镇山村	1.49	1.41	团状聚落
2	高荡村	1.13	1.10	团状聚落
3	官寨村	1.22	1.54	团状聚落
4	革老坟村	1.65	2.07	无明确指向的指状聚落
5	龙青村	1.46	2.84	团状倾向的指状聚落
6	滑石哨村	2.31	2.15	带状倾向的指状聚落
7	绿泉村	1.16	2.31	团状倾向的指状聚落
8	勇江村	1.53	2.82	无明确指向的指状聚落
区间		1.13 ~ 2.31	1.10 ~ 2.84	—
均值		1.49	2.03	—

西南屯堡聚落与周边族群聚落边界形态相似性   表7-2-4

西南屯堡聚落边界形态共性特征		周边族群聚落边界形态共性特征	
（a）詹屯	（b）猴场屯	（c）高荡村	（d）龙青村
团状边界	带状边界	团状边界	团状倾向的指状边界
环境容量限制、生存逻辑的驱使		环境容量的限制	

2．聚落外围边界凸显防御的共性特征

屯堡具有"团带状边界、独立式+户自为堡式+自然山水结合式"的聚落外围防御空间基因，即聚落外围空间的防御特征多根据其具体的分布位置进行独立式、户自为堡式、自然山水结合式三种共性特征进行选址，而周边族群聚落同屯堡聚落一般具有自然山水结合式和局部分布式的防御特征（表7-2-5）。究其根源，双方产生共性的原因是屯堡族人作为明初"调北征南"时期的汉族移民人口，在其军事防御属性常作为其聚落首要营建的规则外，受当时边界社会动荡与流寇作乱的背景影响，遂在聚落外围边界利用自然山水因势借力营建屯墙、屯门、箭楼等人工防御物。而周边族群聚落为保护村民安全不受外来动荡的影响，在利用山体水系等天然屏障的基础上，还借鉴了屯堡聚落在其聚落外围营建屯墙、屯门、箭楼等人工防御物，这是周边族群为抵挡入侵需要仿照屯堡聚落营建外围防御边界的生存适应性产物（图7-2-1）。

西南屯堡聚落与周边族群聚落外部防御相似性　表7-2-5

西南屯堡聚落外部防御共性特征	周边族群聚落外部防御共性特征
独立式、户自为堡式、自然山水结合式	自然山水结合式、局部分布式
军事移民性质、江南文化及保护心理的驱使	当地战乱、流寇盗匪横行等社会经济因素影响

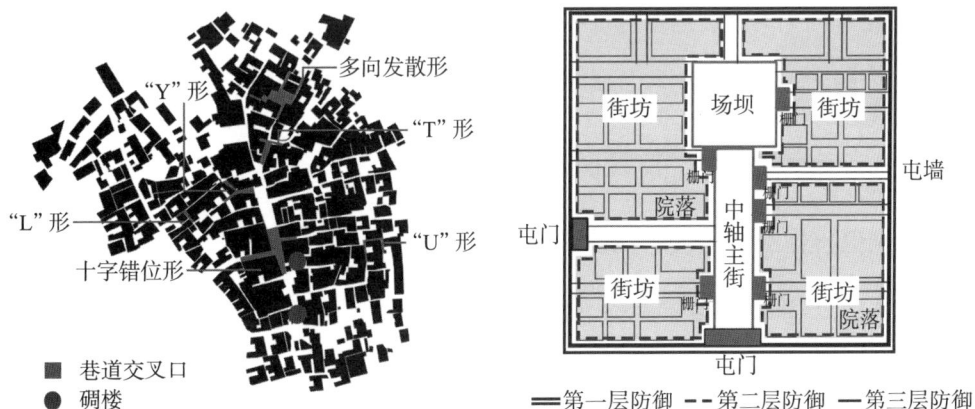

图7-2-1　西南屯堡聚落与周边族群聚落防御相似性示例

本寨内部防御布局

"Y"形 多向发散形
"L"形
"T"形
"U"形 十字错位形
■ 巷道交叉口
● 碉楼

街坊 / 院落 / 栅门 / 屯墙
屯门
≡≡ 第一层防御 --- 第二层防御 — 第三层防御

镇山村上寨
古树 古树
镇山村下寨

北屯门
南屯门
屯墙
镇山村上寨

图7-2-1　西南屯堡聚落与周边族群聚落防御相似性示例（续）

3．聚落与建筑选址遵循风水的共性特征

分析可知，屯堡与周边族群的聚落选址大多遵循了"背山面水、负阴抱阳、藏风聚气"的原则，这是双方对选址环境风水的考究、对山水环境融合度的呈现，其实质是周边族群在遵循人与自然和谐统一的聚落选址和建筑营建原则下，对屯堡汉族文化中风水观念中所追求的"天人合一"与"时空合一"境界的认同，因此屯堡周边族群聚落除延续其依山傍水向阳的山麓地带选址要求外，对其建筑的朝向也参考了屯堡汉族"背山面水"择吉地而居的风水观。

7.2.3　聚落层次空间基因的交融

1．聚落整体空间基因的相似性

聚落空间表现出聚落紧凑的共性特征屯堡聚落空间的建筑密度均值为48%，公共空间分维值均值为1.52，对应高密度和高分维值区间。周边族群聚落建筑密度均值为39%，公共空间分维值均值为1.45，对应中密度和中分维值区间。而分布在远离屯堡地区的苗族、土家族、仡佬族等民族聚落，建筑密度通常在20%~30%，建筑布局自由灵

活，随等高线分布，建筑间距较远，呈现出较为松散、均值开放的特征[31]。相比之下，屯堡周边族群聚落表现出了与偏远地区同族群松散空间特质不同，更为接近屯堡聚落空间的紧凑集聚特征（表7-2-6、表7-2-7）。造成此相似性空间形态的主要原因是周边族群受屯堡聚落营建观念及方法影响，以生存与防御为主要逻辑，为谋取更多的生存生产用地，在满足其族人日常生产、生活需求的同时，为预留出交通、公共等活动空间而实施集中式布局模式，致使其聚落的空间组织效率和结构化程度均普遍偏高。

西南屯堡聚落平面布局分析数据列表　　　　表7-2-6

序号	村落	建筑密度（%）	公共空间分维值
1	吉昌屯	52	1.56
2	雷屯	58	1.60
3	本寨屯	41	1.52
4	九溪村	63	1.57
5	云山屯	24	1.39
6	猴场屯	36	1.47
7	詹屯	57	1.49
8	周官村	53	1.52
区间		24 ~ 63	1.39 ~ 1.60
均值		48	1.52

周边族群聚落平面布局分析数据列表　　　　表7 2 7

序号	村落	建筑密度（%）	公共空间分维值
1	镇山村	31	1.44
2	高荡村	42	1.42
3	官寨村	46	1.45
4	革老坟村	43	1.48
5	龙青村	38	1.48
6	滑石哨村	33	1.39
7	绿泉村	36	1.43
8	勇江村	46	1.47
区间		31 ~ 46	1.39 ~ 1.48
均值		39	1.45

2．聚落街巷空间基因的相似性

1）街巷交叉口形式呈现多样化的共性特征

屯堡及周边族群聚落的街巷交叉口形态特征皆表现出多样化的特征。其中，屯堡聚落街巷交叉口形式多以"T"形、类"Y"形、类"L"形、类"U"形、十字错位形和多向发散形为主。周边族群聚落的交叉口形式多以十字错位形、"T"形、"Y"形、弧线形、尽端形和"L"形为主。这种由斜线、折线交错而成的交叉口形式使聚落街巷整体形成了对外陌生复杂、对内熟悉明朗、曲折性与多向性并置的空间特征，究其原因是其聚落营建的主导思想所致，即屯堡汉族聚落的街巷空间设置多强调防御属性，常将街巷空间作为聚落内部的第二层防御层级，因此在对街巷的交叉口的设置上常采取错位相交，尽端封闭的方式；而周边族群聚落的街巷布置多遵循人与自然和谐统一，先屋后巷的方式，因此对道路的设置未进行统一规划，为便于连接各民居建筑，在顺应山体走势的基础上所形成的，因此其街巷平面线形多曲折，尤其体现在街巷交叉口形式上（图7-2-2）。

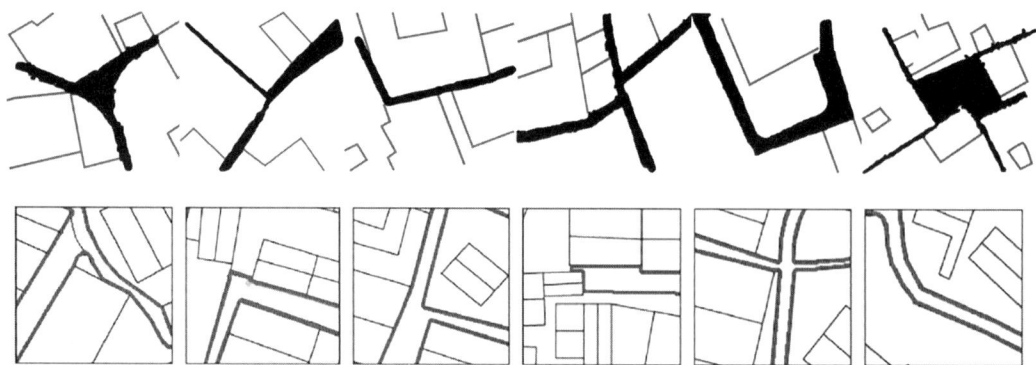

图7-2-2　西南屯堡聚落与周边族群聚落街巷交叉口形式的相似性

2）街巷平立面形态呈现内聚封闭的共性特征

对比发现，屯堡及周边族群聚落的建筑贴线率集中在48%～82%，街巷界面密度多在40%～87%，街巷宽高比均小于1，整体表现出建筑界面平整度低及街巷空间内聚感强、封闭性高、导向性强的空间特征。这种始于军事约束的屯堡地区的习惯性做法，除在屯堡聚落大量出现外，其周边族群聚落也广泛存在，这是周边族群内化吸收屯堡族群军事移民文化的结果（表7-2-8～表7-2-10）。

西南屯堡聚落街巷分析数据列表 表7-2-8

序号	村落	街巷界面密度（%）	建筑贴线率（%）	街巷开敞率	街巷宽高比
1	吉昌屯	81	82	28.36m/个	0.21
2	雷屯	83	75	22.34m/个	0.61
3	本寨屯	64	80	15.08m/个	0.41
4	九溪村	87	49	30.06m/个	0.33
5	云山屯	49	54	20.58m/个	0.85
6	猴场屯	40	48	25.20m/个	0.45
7	詹屯	47	49	24.32m/个	0.54
8	周官村	64	64	23.34m/个	0.34
区间		40~87	48~82	15.08~30.06m/个	0.21~0.85
均值		64	63	23.66m/个	0.47

周边族群聚落街巷分析数据列表 表7-2-9

序号	村落	街巷界面密度（%）	建筑贴线率（%）	街巷开敞率	街巷宽高比
1	镇山村	84	60	28.02m/个	0.55
2	高荡村	69	48	26.19m/个	0.37
3	官寨村	95	76	42.43m/个	0.86
4	革老坟村	77	64	23.15m/个	0.45
5	龙青村	77	55	30.57m/个	0.23
6	滑石哨村	45	26	38.49m/个	0.54
7	绿泉村	62	58	40.15m/个	0.21
8	勇江村	75	62	18.79m/个	0.50
区间		45~95	26~76	18.79~42.43m/个	0.21~0.86
均值		73	56	30.97m/个	0.46

西南屯堡聚落与周边族群聚落街巷平立面形态的相似性　　表7-2-10

屯堡聚落街巷平立面形态共性特征		周边族群聚落街巷平立面形态共性特征	
	D/H=0.47		*D/H*=0.46
密集度高、平整度低	双边围合、内向收敛	弯曲多向	双边围合、拥挤狭窄
吉昌屯 中轴鱼骨状	猴场屯 *D/H*=0.45	龙青村 平行于等高线的树状	革老坟村 *D/H*=0.45
军事化防御制度、地形条件的限制		地形环境等条件的约束	为预留生产、生活用地压缩交通空间的生存经验

3.聚落街坊空间基因的相似性

屯堡及周边族群聚落的街坊布局军事要素明显和防御特征较为典型。其中，屯堡聚落在空间形态上具有类似于中国传统城乡规划史中记载的里坊制形制及防御特点，即屯堡聚落的营建需依据"每十间为连，间广一丈二尺，纵一丈五尺"的标准，并按照官兵级别和编制序列整齐地排列居住营房。而周边族群聚落的街坊空间虽然序列结构较随机和自由，但出现有箭楼、碉楼、营盘、寨墙寨门等军事防御构筑物，如布依族高荡村内风水树节点旁的小坉营盘、龙青村入口晒坝空间处的古碉楼。其参考屯堡在街坊空间内通过设置栅门、碉楼、箭楼等防御性构筑物的方式，以强化其在社会动荡不安环境下应对危险的抵抗能力（表7-2-11）。

西南屯堡聚落内部防御共性特征	周边族群聚落内部防御共性特征
吉昌屯—聚落内部防御空间	高荡村—聚落内部防御空间
雷屯—聚落内部防御空间	龙青村—聚落内部防御空间
环境容量限制、生存逻辑的驱使	环境容量的限制

4. 聚落标识性场所空间基因的相似性

　　屯堡与周边族群聚落的仪式型场所空间虽形态和选址存在差异，但其信仰追求体现在布局中存在相似性。其中，屯堡聚落中的仪式型场所空间可分为井台、祠庙两类标识性场所空间。其中祠庙空间是屯堡族人受"祖先崇拜、礼制秩序、军事移民"的文化习惯所形成的，多结合开阔场坝布置于屯堡中心位置。而井台的设置，除满足屯堡人日常用水的需求外，更为重要的是对自然神灵的崇拜，与屯堡聚落主流的仪式性场所空间不同，是屯堡族人身处异乡为寻求新的思想支点，借鉴周边族群朝拜土地庙或风水树的日常行为，所形成的结合自然及多神崇拜的结合式井台空间。周边族群聚落中的仪式型场所空间分为风水林、土地庙两类。其中，风水林空间多围绕百年古树进行简单营建。而土地庙场所空间则根据需要分布在村口或村中心等位置。两者均是周边族群祈求风调雨顺，护佑一方平安的精神寄托。屯堡聚落中所出现的结合式井台空间及周边族群聚落中所出现的类似武庙的祠庙空间，均是两者在留有其自身民风民俗、宗教信仰和生产生活习惯的同时，对彼此间的优秀文化相互吸收并不断认同与接纳的结果，进一步融入场所空间的营造中（表7-2-12、表7-2-13）。

周边族群聚落标识性场所空间布局　　表7-2-12

晒坝	水井	土地庙	风水树
中心式分布	临水布置	村口、村中心分布	村口、后山、村中心 自然分布
绿泉村、革老坟村	勇江村临水村寨处	官寨村村口、村中心	官寨村后山处

西南屯堡聚落与周边族群聚落标识性场所空间布局的相似性　表7-2-13

屯堡聚落标识性场所空间布局共性特征	周边族群聚落标识性场所空间布局共性特征
"地处轴心、功能丰富、理水崇神、信仰主导" 标识性场所空间基因	"自然崇拜、实用朴素、和谐统一、自由布局" 标识性场所空间基因
"择中立宫、礼制秩序、儒释道"等江南汉族 文化及"自然神灵崇拜"的影响	自然崇拜的万灵论、祖先崇拜的祖论、多神崇拜 的泛灵论及人与自然和谐统一的自然观影响

7.2.4　建筑层次空间基因的交融

1. 院落民居平面形态呈现多样化的共性特征

屯堡及周边族群聚落的院落民居多为"一"字形、"L"形、三合院和四合院四种类型，呈现多样化的共性特征（图7-2-3）。分析可知，屯堡聚落的"一"字形民居平面形式是在明代严格的"军事营房制度"布局规定下所形成的平面形式，而"L"形、三合院、四合院是屯堡族人随着其家庭人口数的增长，空间规模较小的"一"字形民居无法满足其家族的居住需求，在延续江南汉族"合院而居"的院落形制下，整体表现出的对特定时空环境下的选择性与适应性。据典籍可知，西南地区布依族、苗族等聚落中多见"一"字形干栏式民居，是继承其百越先祖民居的传统形式[31]。而"L"形、三合院、四合院的民居平面形式较之典型形式少见，但却在屯堡周边民族聚落中广泛存在。分析原因，汉族合院式的民居平面形式可较好地满足以家庭为单位，三四代同堂、人财两旺的家庭观念，因此这是屯堡周边族群为满足其家庭人口需要，内化吸收屯堡汉族合院式布局形制的结果。

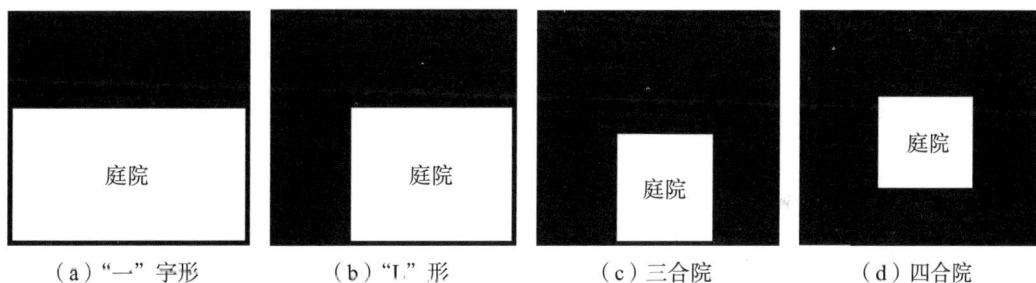

| （a）"一"字形 | （b）"L"形 | （c）三合院 | （d）四合院 |

图7-2-3　西南屯堡聚落与周边族群聚落院落民居平面形态的相似性

2. 院落民居群体组合凸显秩序的共性特征

屯堡及周边族群聚落的院落民居群体组合关系存在相似性特征，均体现了"择中定位、等级分明、礼制秩序、朝门不正对正房"的原则。其中，屯堡聚落的民居群体组合关系为正房及庭院居中、厢房分设正房两侧、倒座与正房相对、朝门不正对正房的形式。周边族群聚落的表现为堂屋居中、老人房位于堂屋后侧、卧房分设堂屋两侧、生产用房位于偏角位置、朝门不正对堂屋的庭院空间序列结构。分析原因，屯堡院落民居群体组合的形制受控于传统文化中的宇宙中轴线发展、儒家中庸平衡的思想，是对汉族传统"礼制秩序"文化基因的遵从与继承，而其中朝门的设置不似江南江淮民居般位于院落空间的中轴线位置，它在借鉴汉族朝门布局要点的同时，还依据风水及防御的要求适当调整其朝向、方位与形态，多形成不正对主体建筑的特殊形式，以此来扭转家门运势，抵御外敌，再次体现了汉文化基因传承脉络下的地域适应性。而周边族群院落民居群体组合的形制特征受制于聚落传统的祖先崇拜，即在每一个家庭的室内设置中，十分重视正堂的设置，以体现对神灵、长者的敬重，其中院落中朝门不正对堂屋的设置是其模仿屯堡聚落朝门布局要点所进行创新，以遮挡过往人流并起到保护室内隐私的作用（图7-2-4）。

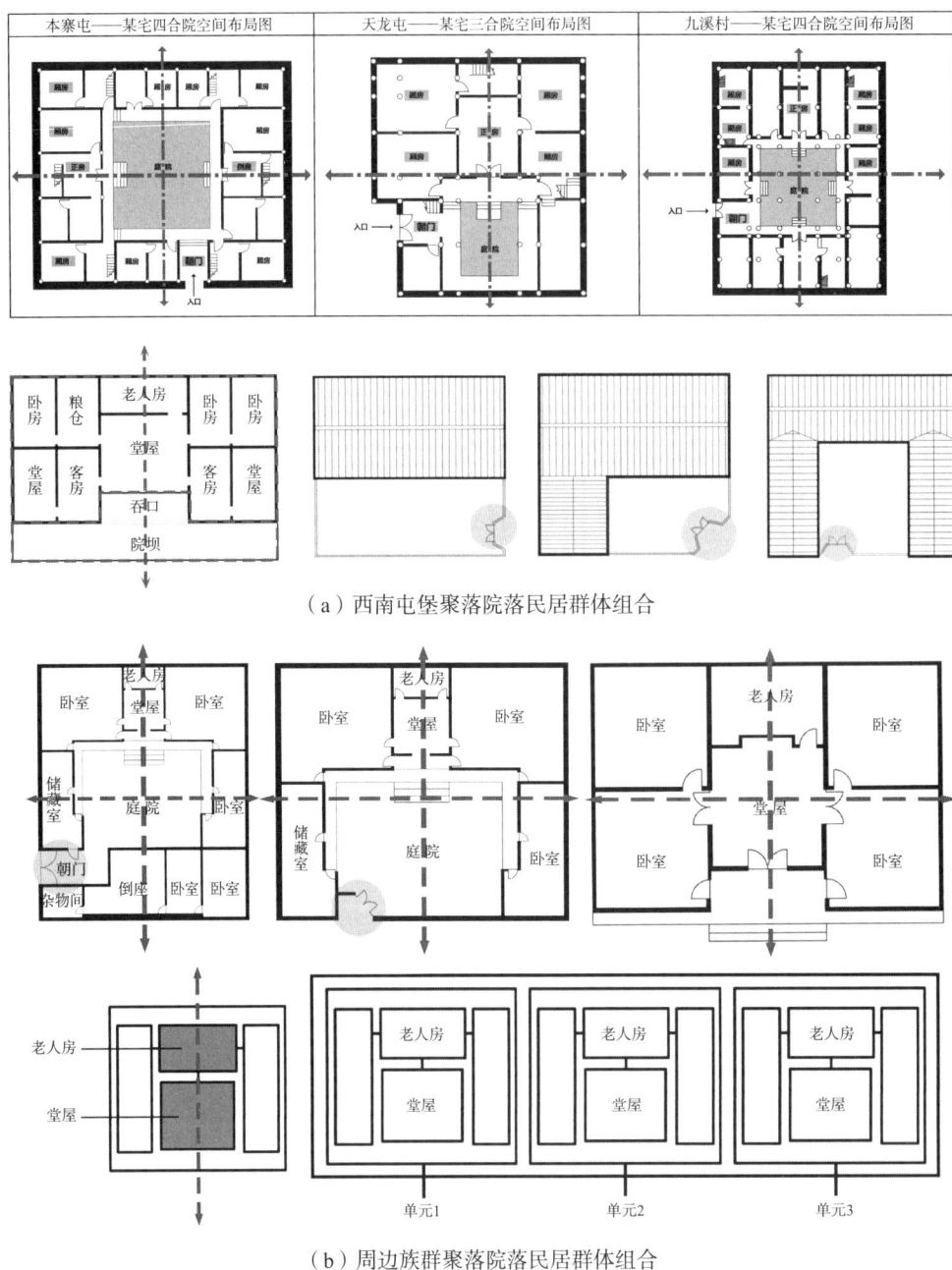

（a）西南屯堡聚落院落民居群体组合

（b）周边族群聚落院落民居群体组合

图7-2-4 西南屯堡聚落与周边族群聚落院落民居群体组合的相似性

3．院落民居建筑细部凸显装饰的共性特征

屯堡及周边族群聚落在建筑细部上呈现出装饰文化相互交融、相互借取的特征。其中，屯堡聚落的民居建筑装饰是在儒家文化中的忠义思想、崇文思想，宗教文化中的佛教、道教文化及屯堡民风习俗文化的影响下形成的。较之江南传统民居不同的是，屯堡民居的山墙处大量出现了"龙口"这一石雕构件，且其正房内供有代表明代汉族人口入黔的神龛物件及"天地君亲师"的汉族牌位。周边族群聚落中存在较多的无文字族群，其多以口头文学为主，其聚落建筑装饰较为单一，对民居的装饰仅集中在山墙的龙口上，常作为象征祥瑞的抽象性装饰。在屯堡周边的其他民族村落中，其民居的门窗构件雕刻大量的文字类的纹样图饰，且其吞口处门簪部位也刻有汉族文字的字符。特殊的是，无文字民族的民居堂屋内，也供奉有与屯堡民居中类似的"天地君亲师"牌位及神龛物件。研究发现屯堡聚落中出现的"龙口"石雕装饰是其模仿周边族群聚落民居山墙装饰的结果。而周边族群聚落民居木雕装饰中出现的文字和精湛的木雕纹样图饰以及"神龛"物件是其与屯堡汉族在交流互动过程中所产生的文字借取及文化传播、吸收与融合的结果（图7-2-5）。

①方形纹门簪　　②五边形门簪　　③圆形门簪　　④正方形门簪　　⑤福禄纹门簪

⑥龙口装饰　　　　　　　⑦垂花门楼

（a）西南屯堡聚落院落民居装饰

①花瓣形门簪　　②方形门簪　　③六边形门簪　　④乾坤字符门簪　　⑤新、鼎字符门簪

⑥龙口装饰

（b）周边族群聚落院落民居装饰

图7-2-5　西南屯堡聚落与周边族群聚落院落民居建筑细部装饰的相似性

4．院落建筑材料的相似性

对比研究发现，尽管屯堡和周边族群聚落内部空间整体结构、街巷布局和街坊布局等方面均存在差异，但两者因受自然地理环境的影响均广泛使用喀斯特地貌石材，无论是街巷铺地、民居的地基墙面屋顶及建筑装饰，还是生活用具都取材于石，若不加以辨析区分，仅从聚落整体的外观形态上观察二者的区别并不容易分辨。此外，西南地区多灌木少乔木，木材匮乏，但其民居内部多以穿斗式木结构为主，整体来看，屯堡与周边族群聚落的院落民居的建筑材料以外石内木的材料分布为主。

7.3 案例分析：镇山村——屯堡及布依族空间基因交融

7.3.1 镇山村村落概况

镇山村是贵州黔中地区典型的屯堡后裔及布依族聚居村落，第一批中国传统村落，始建于明万历年间，至今已有400多年历史。据《李仁宇将军墓志》记载：明万历二十八年，江西吉安人氏李仁宇为平息播州土司之乱，屯兵安顺，待黔中平复，广顺州粮道开通后，携家眷及其将士移至石板哨镇山建堡屯兵，因妻病逝，后迎娶布依族大族班氏女子为妻，入赘镇山，孕育二子，长子姓李，次子姓班，形成李、班同宗，异姓族群相亲的大家庭。四百年间因族群文化传播所引起的族群文化融合现象，投射在镇山村的聚落空间中，展现出了屯堡汉族文化、布依族族群文化及二者文化融合的聚落空间特征，并进一步作用在聚落的空间基因上。

7.3.2 镇山村整体布局空间基因的交融

屯堡聚落是军事移民的安居之所，其性质决定了重防御是其本质特征[112]。镇山村作为李仁宇屯兵地，其聚落外部空间与街巷空间的营建较传统布依族聚落而言有所不同。如聚落外部为形成全面闭合的外围防御体系，顺应山体走势，局部以悬崖为屏砌筑了一条长约1800m（现存700m）、高3m的屯墙，并在屯墙南、北侧各设高约5m，宽3～4m的屯门一座。计算可知，聚落街巷空间的建筑贴线率为59.6%，街巷界面密度为84.1%，主街宽高比为1.42～2.14，次街宽高比为0.23～0.35，具有内聚感强、封闭性高、导向性强的特征。而镇山村的街巷交叉口多以"L"形、"T"形、"Y"形、"U"形、十字错位形、多向发散形为主，这种由斜线、折线交错而成的街巷交叉口形式使其聚落街

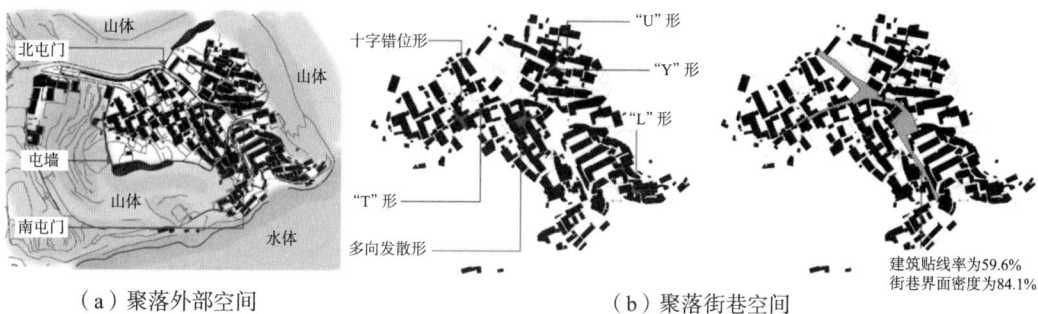

（a）聚落外部空间　　　　　　　　　　　　　　　（b）聚落街巷空间

图7-3-1　镇山村聚落整体布局空间基因

巷形成了对外陌生复杂、对内熟悉明朗，曲折性与多向性并置的防御空间。因此，这些始于军事约束的屯堡地区的习惯性做法，促使镇山村的聚落营建思想逐渐从"逐水而居、近山而筑"的生存避乱观向军事化防御观转变，并进一步作用到镇山村的整体布局空间中，最终呈现出"随形就势、内向封闭、曲折多向"的军事化防御性特征（图7-3-1）。

7.3.3　镇山村整体结构空间基因的交融

1．屯堡汉族与布依族特征并存的聚落空间结构

镇山村由上、下两寨组成。上寨为李仁宇屯兵地，是屯堡汉族的集中聚居地，其社会组织结构具有较为明显的血缘—地缘关系，因而在聚落空间布局上常遵循以"血脉崇拜"为核心的宗族制结构体系及以"忠义"为纽带的军队建制模式，总体沿用"中轴对称、核心组团、公建突出"的形制[15，31]。故此，上寨的核心由位于北屯门入口处的武庙、晒坝空间组成，并由该空间向不同方向放射出若干条巷道，民居则组团簇拥于公共空间四周，呈现出清晰的几何性和向心性，这种中心明确的空间布局具有典型的汉族聚落空间布局特征。下寨，是布依族族群世代聚居处，受宗亲血缘关系影响，其聚落空间结构较为简单、稳定，且无权威、强调尊卑秩序的公共建筑和空间，而是多遵循自然规律，顺应山体走势，形成了平行等高线且无中心集聚的树形平面空间结构，呈现出典型的布依族聚落营建特征[31，113]（图7-3-2）。

2．更为强化、紧凑、集约的聚落平面形态

对镇山村聚落集中区的空间特征进一步进行量化分析发现，其建筑密度约为37%，对应中高密度区间，公共空间图斑的分维值计算结果为1.509，对应高分维值区间。据悉，布依族传统聚落的建筑密度、公共空间分维值的平均值分别为35.8%和1.469[31]。因此，镇山村聚落较传统的布依族聚落而言，其聚落空间的结构性、集约性和紧凑性较普通布依族聚落而言更强，近于屯堡聚落，因此，进一步反映了镇山村聚落中含有屯堡

量化对象	公共空间分维值	建筑密度
镇山村	1.509	37%
布依族村落	1.469	35.8%

镇山村上寨—中心放射式空间结构　　　　镇山村下寨—树形结构及无核心场所的空间结构

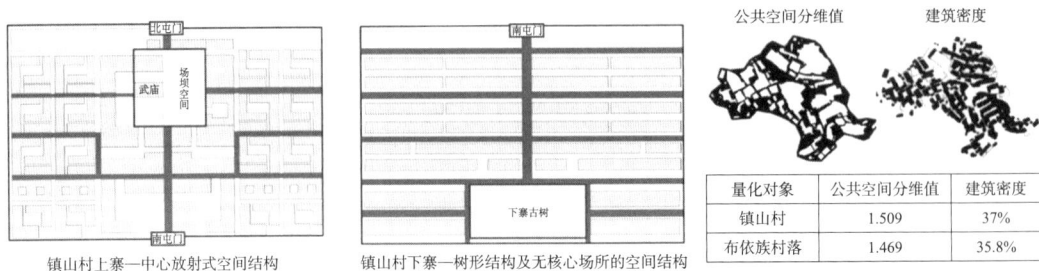

图7-3-2　镇山村聚落整体结构空间基因

聚落的空间形态特征（图7-3-2）。

7.3.4　镇山村场所空间基因的交融

　　镇山村中的场所空间包括晒坝、武庙及古树节点空间三类，它们是布依族人多神崇拜、民风民俗及屯堡汉族军事移民文化相互融合的空间表征。古树节点空间呈不规则六边形置于镇山村下寨南侧，是布依族人为护佑一方清净平安，围绕一株百米高金丝楠木所营造的祭祀朝拜场所，是典型的布依族自然崇拜祭祀空间。晒坝空间处于镇山村上寨北屯门入口处，不规则矩形，造型单一质朴，常作为布依族人稻谷晾晒、"三月三"或"六月六"等民俗节庆活动举办的场地，是布依族稻作文化的产物。武庙空间坐北朝南于上寨主街右侧，原为合院式布局，面阔五间，正房正中供奉关羽像，左为观音像，右侧则供奉着班、李氏的祖先牌位，是屯堡人排遣怀旧感伤之情的产物，也是屯堡汉族军事移民文化的象征。综上可知，镇山村的地方文化在留有其自身布依族民风民俗、宗教信仰和生产生活习惯的同时，还充分体现了布依族族群对屯堡汉族文化的吸收及对其生活习俗的不断认同，并进一步融入到场所空间的营造中。因此，镇山村的场所空间最终呈现出以"自然崇拜、实用朴素、自由布局"与"追求秩序、信仰主导、择中布局"共存的场所空间基因特征（图7-3-3）。

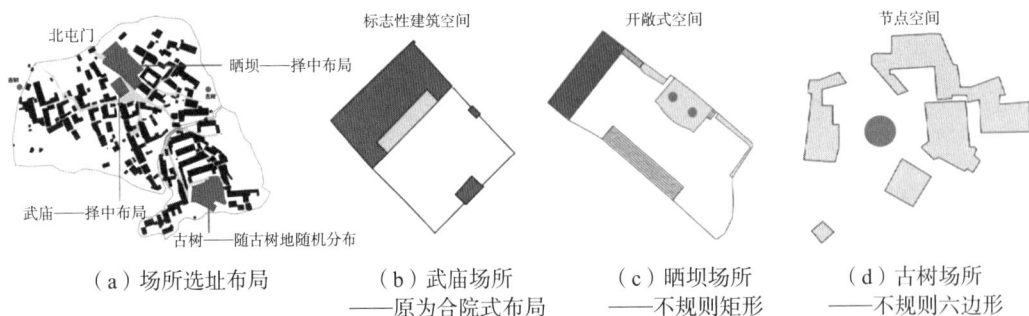

（a）场所选址布局　　　（b）武庙场所　　　（c）晒坝场所　　　（d）古树场所
　　　　　　　　　　　　　　—原为合院式布局　　—不规则矩形　　　—不规则六边形

图7-3-3　镇山村场所空间基因

7.3.5　镇山村院落空间基因的交融

1．汉族合院式与布依族行列式并存的平面形式

屯堡人祖源地多为江南江淮等经济发达的汉族聚居区域。因此，其院落形制深受儒家正统思想的熏陶，多强调以家庭制度与宗法血缘关系为主导的"礼制秩序"。而布依族的民居深受稻作农耕等生产方式和传统宗族制度的内在凝聚力影响，多以十几户到几百户聚族而居，并以间为单位，在追求与自然环境和谐统一的同时，还讲究其自身功用性，呈现出基本单元左右复制的行列式平面形式[31, 113]。因此，这种从族群本源中传承下来的宗法制度、生产生活方式在很大程度上影响着院落空间的布局与形制。研究发现，镇山村的院落平面形式大致可分为"一"字形、"U"形、"回"字形等，多由正房/堂屋、厢房、天井、倒座和朝门等要素构成，并形成了正房（堂屋）及天井居中、老人用房布置于正房（堂屋）后侧、厢房分设正房两侧、倒座与正房（堂屋）相对、生产用房位于偏角位置的庭院空间序列结构。计算可知，镇山村的庭院空间率为0.18，院落单元的规模200～800m²，这种"尺度适中"的院落规模与布依族人以家庭为单位，三四代同堂、人财两旺的家庭观念及屯堡民居小型化、代际少、家庭核心化的地域文化特征高度呼应[12, 113]。它们既延续了布依族人以家庭为单位、独栋行列式的平面形式，也继承了屯堡汉族"合院体系、礼制秩序、轴线对称、封闭狭小"的院落空间布局形制，最终在镇山村聚落中发展成为"讲究礼制秩序、合院式与行列式并存、尺度适中"的院落空间形制特征（图7-3-4）。

2．改进创新的干栏合院式吊脚楼

镇山村的民居类型多为合院式、穿斗非干栏式、干栏合院式和联排单列式四种类型。其中，干栏合院式是适应地形、吸收汉族与布依族民居营建精华的创新型产物。多分布于上寨地形陡峭或下寨太师椅地形的"扶手"部位。以上寨典型民居班宅为例：民居由一正两厢三合院组成，为顺应地形高差，有别于屯堡汉族合院式布局方式，采取了布依族民居基本单元左右复制且延展地基的传统方式，形成了双户五开间横向联排的民居布局形式。此外，为满足布依族人储粮、居住、饲养牲畜等生活空间融为一体的居住习惯，还形成了上层储粮、中层住人、底层饲养牲畜的立体生活空间。因此，这种民居布局既模仿了汉族合院式的布局特征，也沿用了布依族传统民居布局方式及功能分布的需求[31, 115]（图7-3-4）。

3．仿照汉族民居的建筑细部

朝门是汉族传统民居的第一组成要素，常以向内宅吸纳四方财气的八字朝门形式出现。在镇山村村民心中朝门不仅是财富与运势的象征，还起到了抵御外敌、留足缓冲时间的作用，故朝门的设置不似汉族民居般正对正门，而是在借鉴汉族朝门布局要点的同

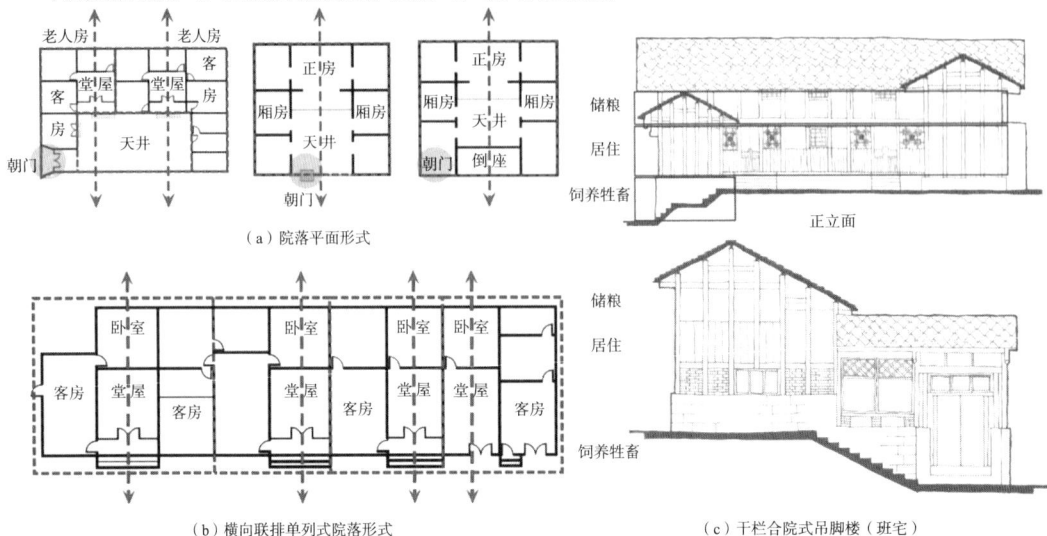

図 "一"字形+朝门位于厢房侧   "U"形+朝门处于院落正面并成一定角度   "回"字形+朝门位于院落侧

（a）院落平面形式

（b）横向联排单列式院落形式

（c）干栏合院式吊脚楼（班宅）

图7-3-4　镇山村院落空间基因

时，依据风水及防御的要求适当调整其朝向与方位，多形成不正对主体建筑的特殊形式，以此来扭转家门运势，辟邪驱害，保佑家族安宁[113]。此外，部分独栋行列式民居常在其正对堂屋处的室外平台，效仿汉族入户"照壁"的方式砌筑了高约2m的石墙，以遮挡过往人流并保护室内隐私。这些仿照汉族功能性的建筑细部是布依族人内化吸收屯堡汉族文化内涵的结果。

7.3.6　镇山村建筑装饰空间基因的交融

1. 反映汉族文化特征的木雕装饰

布依族作为无文字族群，多以口头文学为主[113]，其聚落建筑装饰较为简单。在镇山村中，却大量出现了刻有文字或字符样式的精美木雕，如八字朝门或堂屋吞口处的门簪构件，图案多为"福""禄"等文字，部分为"寿纹""乾、坤卦"等汉族文化符号。此外，镇山村民居中的隔扇门窗、腰门等构件多以"井"字纹、"万"字纹、"人"字纹、冰裂纹等纹饰为主。这些民居局部木雕装饰中出现的文字和精湛的木雕技艺是其与屯堡汉族交流互动过程中所产生的文字借鉴结果[113, 114]（图7-3-5）。

2. 兼具汉族与布依族文化特征的石雕构件

布依族人的民居较为朴素，对民居的装饰仅集中在山墙的龙口上，常作为象征祥瑞的抽象性装饰[115]。在镇山村中，除"龙口"石雕构件外，还含有朝门两端刻有方胜、瑞草纹样的基脚石、厢房处刻有"双凤朝阳"的壁画、梁柱底端圆柱结合且刻有花草纹

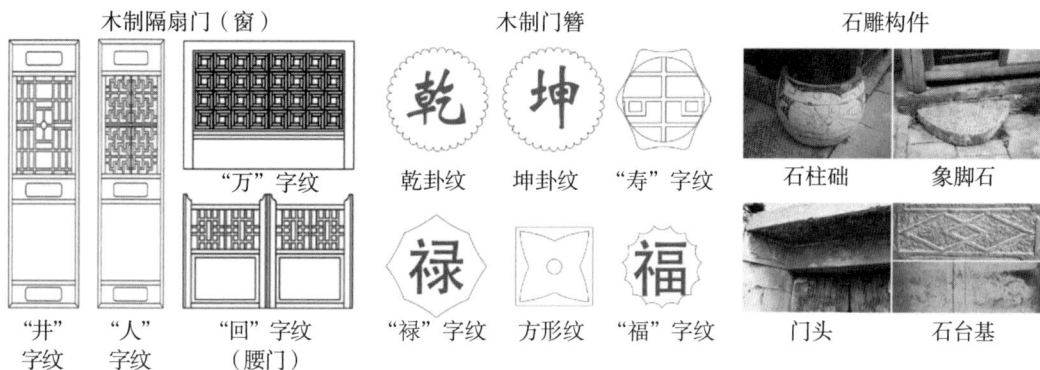

| 木制隔扇门（窗） | 木制门簪 | 石雕构件 |

"井" "人" "万"字纹 "回"字纹（腰门）　乾卦纹　坤卦纹　"寿"字纹　"禄"字纹　方形纹　"福"字纹
字纹 字纹　　　　　　　　　　　　　　　　　　　　石柱础　象脚石　门头　石台基

图7-3-5　镇山村建筑装饰空间基因

样的石柱础、院落中半圆柱体造型的象脚石等石雕构件，这种兼具屯堡汉族和布依族民居装饰特征的石雕构件是镇山村布依族人与屯堡汉族文化吸收与融合的结果，是屯堡汉族聚落装饰构件在布依族聚落传播及融合的体现（图7-3-5）。

7.4　空间基因交融的动力机制

7.4.1　共生的自然地理环境

屯堡聚落和周边族群聚落集聚区地处喀斯特山区，该地区山多地少，地形破碎割裂且木材匮乏，但盐酸盐岩丰富且节理分层，易于采取。因此，在该地域内，各族群为获取更多的生存空间和灌溉水源，在生存之道的驱使下，各族群聚落遵循着"背山面水""占山不占田""傍水不近水"的聚落选址原则，常常将聚落首选于河流坝地，并形成了"锥峰—聚落—田园—河流水体"的布局关系。此外，屯堡及周边族群聚落都善于就地取材，多利用喀斯特地貌石材的特殊属性垒砌民居外墙，并大量出现在院落民居的石柱础、龙口、地漏等建筑装饰上。这些因本族群聚落生活习性与西南多山险峻的自然地理环境相结合下所形成的依附自然地理环境的生存之道，我们可以将其理解为受地域环境影响下所形成的聚落及其建筑群体组合关系的特殊文化现象，这是聚落地域特征的重要物质表征，也是聚落与周边地域环境共生的结果。

7.4.2　相同的社会背景条件

明初为统治并强化西南边陲地区的思想，朱元璋制定了"移风善俗，礼为之本，敷训导民，教为之先"的"安边"政策，大力推行儒学，辅以佛、道，目的在于"广教化，变土俗，使之同于中国"，使之"归顺朝廷"[108]。屯堡作为中央王朝控制西南边陲的军事化产物，主要包含三种社会组织结构：一是自上而下的军队建制管理结构；二是以宗亲、族长为核心的宗族制结构；三是以社区为整体的多宗族社区型结构[31, 115]。这三种社会组织结构既参照了中央的政治体系，也遵循了明王朝严密的军事编制和组织体系。据悉，西南地区的原生族群历经了中央王朝统治、屯田卫所、土司制、改土归流等戍边政策及族群交往交流等历史事件，因此为谋求生路，寻找新的思想支点，主动接受了中央王朝的政治管理与统治，一定程度上改变了聚落在整体结构、街巷布局与院落形制上的空间组合模式。因此，这些社会背景条件及制度的影响均成了屯堡汉族文化与周边族群文化传播互动及文化融合的良好推动力。

7.4.3　杂居共生的居住环境

生存是社会群体的第一法则[116]。各族群为最大限度地取自然之利，避自然之害，在对周遭环境的适应和生存中逐渐形成了一些行为模式，并进一步在其聚落的选址、布局、营建等方面体现出生存逻辑的适应性[71]。明代中后期出现了零星、局部的屯堡汉族与其他族群人口对流现象，一定程度上为族群间的杂居共生创造了有利的前提条件，也为族群间的自然交往提供了频繁的交流机会[117]。因此，在西南地区族群之间的交往中，族群关系很大程度上让位于杂居共生的地域关系。屯堡周边的原生族群占据了先天的人口及地域优势，而屯堡汉族与周边族群相比具有明显的文化及经济优势，这种互补的族群优势得以在相互之间的日常交往中发挥了良好功效，促进并维持着各族群间的互通有无，实现了族群间文化的接触传播进而引发文化间的交融与共生。因社会时代特征所引起的杂居共生，既为屯堡汉族后裔与周边族群的文化提供了传播渠道，也为其聚落的营建提供了基于生存文化的适应性的参考，这是不同族群在生存经验和历史境遇指引下的正确选择。

7.4.4　相互接纳的族际通婚

美国心理学家乔治·伊顿·辛普森（George Eaton Simpson）和社会学家艾利克斯·英格尔斯（Alex Inkeles）认为衡量社会群体间的接触性质、认同强度、社会距离及社会融合过程的重要指标为群体间的族际通婚比率[118]。族际通婚是各族群文化相互协同与调和的结果，也是族群间文化交流与互动能够接续发展的先决条件[117]。明王朝对西南地区推行土司制、改土归流、移民就宽乡等制度的同时加快了地方统治阶级与汉族文化的融合，促使屯堡人的择偶观发生改变，突破了其族内注重亲缘关系的通婚限制，开始向注重对方个体条件的自身社交圈过渡，呈现出与族际通婚的现象（表7-4-1）。

不同年龄段屯堡人的族际通婚情况 表7-4-1

	通婚情况	本寨	吉昌	九溪	总计
50~59岁	族际婚（对）	0	0	0	0
	已婚夫妇（对）	27	67	55	149
	比率（%）	0	0	0	0
40~49岁	族际婚（对）	0	0	6	6
	已婚夫妇（对）	53	478	290	821
	比率（%）	0	0	2.1	0.7
39岁	族际婚（对）	14	22	30	63
	已婚夫妇（对）	104	578	560	1242
	比率（%）	13.5	3.8	5.4	5.4

而在众多屯堡周边族群聚落中也存在与屯堡族人通婚的现象，这是由于明朝后期屯堡人大量流窜，在这情形下作为外来人口的屯堡族人为谋求更多的生存和生产空间，多采取与周边族群大户通婚的方式融入其中，自此周边族群聚落中的族际通婚现象逐渐从个别的通婚向常态化、规模化发展。这种因族际通婚所带来的家庭间的互动交往为族群间文化的交往交流提供了契机，增进了当地族群关系的友好发展，无形地为各族群间吸收他族优秀建筑文化并融入自身聚落的营建提供了契机，并进一步为周边族群聚落的建筑装饰、建筑细部、民居建筑布局和结构的借取、创新与融合创造了必要条件。

7.4.5 互通的文化信仰

意识形态是不断变化的，且具有动态性和时空性。一个族群的文化先后经过血缘家支、政治、他族文化等多重力量的塑造具有了多元性，最终这种多元性在本源特征的影响下转化为同向性[119]。族群文化之间的差异性一定程度上会成为族群关系发展的障碍，即族群间会因社会组织结构、宗教信仰、民风民俗、语言和价值观的互不相通会导致各族群间的文化难以相互交流、借取和吸收。相关文献记载，屯堡汉族聚落惯以血缘族群关系、宗教制度及儒家文化作为其聚落营建及社区管理的核心，并常在堂屋供奉"天地君亲师"的牌位以表达出对天地的感恩、对君师的尊重及对祖先的怀念之情[12, 31]。周边族群则多以一家一户为基本单位，以血缘关系为纽带组合起来，并在此基础上形成行政管理系统和政治体系[113]。此外，屯堡周边族群除了包容开放的性格特征外，还常在古树下或村寨路口设置土地庙以表达对天地等自然万物的信仰及对祖先的崇拜。他们两者虽表达方式不同，但其各自文化的深层结构及最终信仰却高度相似，均体现了对血缘族群、天地神灵及祖先的崇拜。这种族群间文化信仰的相似性、互补性、耦合性及周边族群包容开放的个性均无形间为族群间的文化融合提供了良好的"嫁接"条件，并进一步决定了屯堡与周边族群聚落标识性场所空间的功能、类型与规模形式的产生与组合。

7.4.6 不断发展的经济关系

社会经济发展是族群其他方面发展的前提、基础[120]。明代以前，西南地区汉族人口极少，世居族群大多数散居在深山老林，多以十几家甚至几家，组成以血缘关系为纽带的村落，农业发展水平低，经济水平落后。随着明初大批汉族因"调北征南"迁入西南地区，极大地改变了经济发展水平[121]。首先，在西南地区"湘黔滇古驿道"沿线整体呈现出"府—卫—防御组团—屯、堡"的防御等级战略布局关系，并由哨、卡、铺、关等中转站点联系各屯或堡进而形成了网状军事防御布局体系，其中的屯堡星罗棋布地分布在其周围，形成了许多汉族移民的聚居点，并以插花式的形式分布在不同族群地区，形成了传播汉族文化和发展农业生产的根据地[121]。其次，屯堡先民受"调北征南""调北填南"等军事政治要素的影响陆续将江南江淮地区先进的农业生产技术引入西南地区。各原生族群通过广泛吸收汉族屯军传播的先进的农耕技术，改进生产工具，广辟梯田的同时，也逐渐将其"不用牛耕""刀耕火种"的原始农耕生产方式逐渐转变为"开荒种地""兴修水利""以牛耕作"的先进生产生活方式。屯堡汉族族群也在与周边族群交流交往的过程中学会了如何在地势平坦地区种植水稻，在坡地种植玉米、小麦等作物，使得粮食产量大增，畜牧业也得到了较好的发展。最后，西南区域古驿道沿途设有站、铺，吸引了大批的商人、旅客和能工巧匠，商品经济渗入，矿业和手工业随之兴起，促进各族群间的经济交流。因此，随着不断发展的经济关系，明清时期屯堡人民携带的先进的汉族农耕技术促进了当地社会生产力的发展，改善了生活水平，经济发展和经济交流增强了当地族群的自信心，缩小了屯堡族人与周边族群之间的经济差距与心理落差，为彼此间族群文化的交往、交流和借鉴提供了传播媒介与渠道。因此，缩小了族群间经济技术水平的差距，使两者在聚落营建、建筑建造和建筑材料的开发上，具有了可互相交流学习的建造技艺和工艺水平。

7.4.7 族群交往形式的变迁

赵健军认为族群间的交往不仅是人类命运共同体内部成员之间的往来和自我认同，

也是指共同体与共同体之间的群体交往或个体与其他个体的往来，即不同族群之间的交往形式可以有两种层次：一是以族群整体面目发生的族群之间的交往；二是不同族群成员以个人身份出现的发生在族群之间的交往[122, 123]。随着明王朝的覆灭，屯军制度逐渐从多族群聚居区走向瓦解。屯兵性质的屯堡失去了国家政权的依托，最终变成普通村落和普通农民，与周边原生族群地位并无二异[94, 124]。其他族群因其聚落多以氏族而居，聚落规模整体偏小，社会组织结构较为复杂，因此未产生与屯堡族人严重对立的社会代表人物或精英组织。基于此，屯堡族群与周边族群的交往、交流能够不受其族群社会代表人物或精英组织的影响，而是以各族群个人的自我意愿展开，即不同族群或族群成员个体之间受生存逻辑的驱使，在生产、生活等方面所产生的各族群间的交往互动行为。具体体现在语言的使用与变迁、地戏的使用与传播和教育的设置与普及三方面[117]。

1．交往工具——语言的使用与变迁

语言既是一个族群文化的载体，也是各族群间交流的工具，若是两个族群之间的语言互不相通，那么他们之间的交往必然存在障碍，一定程度上也会阻碍各族群间的文化传递、交往与融合[125]。因此，语言的互通程度成为影响族群间社会交往程度的一个重要指标与关键要素。调查显示，西南族群的语言使用情况总体出现了较高程度的汉化现象与趋势。究其原因，在文化的传承和发展过程中，人口因素（包括人口数量和人口素质）起着十分重要的作用。即周边族群受军事屯军政策及规模化的屯堡汉族人口影响，为谋求更多的生存、生产空间，接受了屯堡汉族的传统语言方式，打破自身固有的语言体系，采取一种兼容并蓄的态度与屯堡族群共存。语言的互通一定程度上帮助了各族群间理解文化，可有效地帮助优秀的聚落营建文化和建筑营造技艺在各族群间得以普及与运用。

2．交往内容——地戏的使用与传播

辛普森于1968年提出了关于如何分析族群关系的多元性思路，他指出："把群体的互动结果视为一条连续的直线，完全隔离与完全同化可视为处于这条直线的两端。在这两端之间存在着下列情况：程度不同的非完全隔离状态。"[126]族群关系结果的多样性是族群之间关系动态变化的结果，这一"状态"点随着时间的变化在某些重要因素的影响下会在连续向上或左或右移动[126]。而在西南地区，地戏的出现为各族群间仅限于路上偶遇或人际间的口头传闻的唯一交往方式逐渐走向集聚、参与各族群表演集会等多维的交往形式并展开。正是由于地戏表演场地的特殊性，使之成为各族群了解屯堡汉族文化的重要"窗口"，这也促使族群间数百年的误解在一次次的地戏演出交流等活动中得以化解与释怀[117, 127]，即族群在不断学习屯堡地戏的过程中不断加深了对屯堡

人地戏所传递的传统价值观的认同，而地戏文化在聚落中的传播也不同程度地表达出了其对屯堡人宗教信仰的认同。因此，地戏文化在族群聚落中的传播，不同程度地影响了各族群聚落内标识性场所空间的营建，尤其是仪式型标识性场所空间的营建。

3．交往方式——教育的设置与普及

据社会学的分层理论分析认为，对个体而言，教育是其向上流动的根本；对族群而言，教育是其提高自身地位，从而有尊严地通向融合的一条主要途径。因此，历代中国统治非常重视提升教育水平。故自明清时期正式在贵州地区设立了学堂和书院"以教化之"。据《贵州通志·学校志》的《书院表》统计，明清时期的贵州书院共有141所，晚清时期尤为盛行，仅1840～1902年，贵州参与新建与改建书院就高达79所，如弘治元年周瑛创办的草庭书院、贵州提学副使毛科重建文明书院、王阳明创办龙冈书院、蒋信创建的正学书院、孙应鳌创建的学礼书院、学孔精舍等。正是由于明清时期对学堂、学院设置的推进，致使书院走向繁荣的同时，直接推动了儒学教育文化与西南既有文化的相互交流与融合，填补了官学教育的不足及促使了学校教育向平民化方向发展，更进一步帮助了西南各原生族群有更多受教育的机会，推动了汉族传统文化与其周边族群文化的传播与交流。正是因为各族群居民文化程度的不断提升，为聚落营建中各文化理念的接受与认同提供了心理帮助，一定程度上影响了各族群聚落营建空间形态上存在相似特征。

总之，语言的使用与变迁、地戏的使用与传播、教育的设置与普及等族群交往形式的变迁是西南屯堡与周边族群关系良好发展的结果，促进了屯堡与周边族群的文化认同，并为彼此间学习对方优秀聚落营建技艺起到了一定的推动作用。

7.4.8　归纳总结：文化传播是聚落空间交融的主导因素

综合分析可知，屯堡与周边族群聚落空间基因中存在不少相似性现象，如聚落的环境格局、边界形态、平面形态、交叉口形式、民居外部装饰等空间基因共性特征是在用地条件紧张、木材匮乏、石料丰富等相同的自然地理环境下所形成的依附于自然的生存之道；而聚落外部防御、街巷空间围合、街坊内部军事化防御布局、院落平面形式、院落民居平面形式、建筑装饰、仪式型标识性场所空间的空间基因共性特征的现象产生是受相同的社会背景条件、杂居共生的居住条件、相互接纳的族际通婚、互通的文化信仰、不断发展的经济关系、族群交往形式的变迁这六大特定的族群文化传播、交流、交融的条件影响下形成的（图7-4-1）。由此可见，西南屯堡聚落与周边族群聚落空间基因的共性特征部分受相同的自然地理环境影响外，其绝大部分的聚落空间基因相似性特征均与文化的传播、交流、交融有关，具体解释如下：

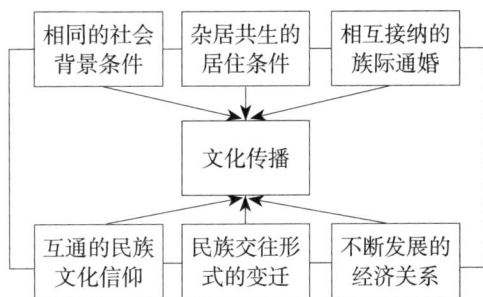

图7-4-1　文化传播的产生条件

1. 聚落空间基因是聚落文化的物质载体

1）聚落文化是连接一个族群文化与其聚落空间形态的桥梁

聚落本身就是一个兼具社会活动、生产活动、宗教活动和民俗活动等的复杂巨系统。而其中的聚落文化则是通过制度文化、社会文化、生产文化、建筑文化、民俗文化、宗教文化等各类文化的相互约束与组织形成的，是一个族群社会活动的内涵化表达，也是其区别于其他族群的显著标志，同时还是各族群间紧密联系的精神纽带。聚落空间形态作为聚落文化在聚落空间物质层面的表达，既是聚落文化最直观的体现，也是文化层传导至现象层的结果。因此，聚落文化的现象最终会体现在聚落的生活空间、生产空间、交通空间、平面布局、边界形态、宗教空间、公共空间等物质基底层面，即作为聚落文化在物质世界的直接投影。它们的关系是：文化的每个门类都传导至聚落文化，而聚落文化与环境图底共同决定了聚落空间形态。所以说，聚落文化是一个族群文化与其聚落空间形态的桥梁（图7-4-2）。

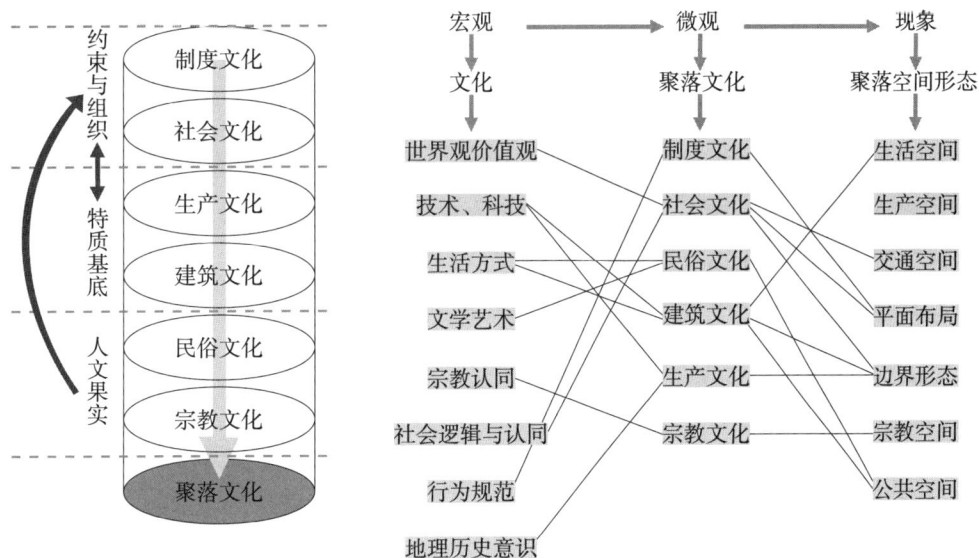

图7-4-2　聚落文化系统结构图

2）聚落空间基因是承载地方聚落文化的基本信息单元

聚落"空间基因"一词类比于生物学中的"基因"这一专业名词。因此，根据生物学中的"基因"内涵以及上文对空间基因内涵的解读可知，聚落"空间基因"是聚落空间要素与自然环境、历史人文等要素在长期互动过程中形成的相对稳定的空间组合模式，其形成和表达与生物学中的"基因"具有一致的逻辑性，即聚落"空间基因"同样具有信息性与物质性双重属性，并按照"聚落空间要素—互动组合—空间基因—聚落空间形态标准"的规律进行表达。聚落空间形态作为聚落与生态环境、历史人文、民风民俗等长期互动交流且发展的产物，其有形的物质空间背后必然承载着不同族群独有的民俗民风、生产生活和人文信仰等文化内涵及构成聚落物质空间的基本文化法则。而聚落空间基因作为其中稳定存在的基本信息单元，所携带的基础信息无论是在时间演进过程中还是在地域空间上均能展现出一个族群的自我特色，常作为承载地方文化信息的基本单元而存在。因此，聚落"空间基因"常以聚落空间中稳定存在的基本信息单元的身份存在，是承载地方聚落文化信息的基本单元。

2．文化传播交流促使聚落空间基因共性特征产生

1）文化传播是聚落文化产生变迁的驱动机制

文化传播具有开放性、多元性与融合性的特性。文化的传播会促使各族群文化在经过接触碰撞、交往交流后出现文化融合现象并形成一种新的文化形态。这种新的文化形态虽吸收了对方的部分族群文化特征，但其依旧能够保持自身族群文化的共同体不发生根本性改变。而这种新的文化形态，又将以母体的形式出现在下一次文化变迁的发展变化中，并逐渐通过创新、进化、革新、发现、传播、借用、涵化等文化传播的内容以产生新的文化形态[128]。对于大多数族群而言，聚落内部文化的发展、渐变、发明、创新是极少数的，它们的变化较多依靠外来文化的传播与交流产生，即促使各族群文化在本族群文化的基础上借取吸收对方先进的文化及其理念从而引起其聚落本身文化的发展变化。由此可知，聚落文化会受到当地社会环境、地域环境改变的影响，产生文化传播现象并引起聚落文化的变迁与融合，使之做出自然适应性、社会适应性及观念适应性的调整，进而引起聚落营建观念及其表现形式的改变。换而言之，文化的传播不但会引起聚落文化的变迁，也是促进各族群文化融合的重要驱动机制。

2）聚落空间基因会对聚落文化的变迁做出反馈调节行为

聚落空间作为聚落文化在物质空间层面的直接投影，是聚落与自然环境、社会人文、民风民俗等长期互动交流且发展的产物。因此，其有形的物质空间背后必然承载着不同族群聚落独有的制度文化、社会文化、生产文化、建筑文化、民俗文化和宗教文化等文化内涵及构成聚落物质空间的基本文化法则。聚落空间基因作为聚落空间中稳定存在的基本信息单元，是聚落各空间形态与自然环境、历史人文等影响要素在长

期互动过程中形成的相对稳定的空间组合模式，承载着聚落的基本文化信息，对聚落空间形态的生成与表达具有控制和引导作用。当聚落的社会环境和地域环境发生改变时，聚落文化会受到当地环境的影响，随即发生文化传播现象并引发聚落的文化变迁，因此聚落文化变迁会使得聚落的营建观念与表现形式适当地做出合乎文化变迁的具体调整[129, 130]。其中，聚落文化的变迁与适应机制可总结归纳为以下三种形式：一是聚落文化的自然适应性，它会随着地形、气候等自然地理环境的变化产生变化并改变其聚落或建筑的空间表现形式，即改变聚落空间基因的空间组合模式；二是聚落文化的社会适应性，当社会环境发生改变时，聚落文化也会受到社会礼制、宗教、民俗文化的影响，为满足当地的居民的需求，其文化含义也会产生变迁并进一步作用到聚落空间基因上。三是观念适应性，由于居住者的审美观念、个人爱好是多样的，聚落文化也会产生多样性并随之使得聚落空间基因的空间组合形式出现多样性。因此，因文化传播所引起的聚落文化变迁会影响聚落空间基因的空间组合方式发生传承与延续、变异与发展现象（图7-4-3）。

文化传播是聚落文化及其空间产生变迁的驱动机制

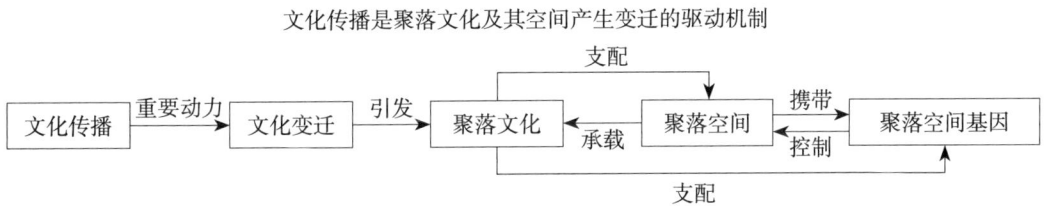

图7-4-3 聚落空间基因反馈调节行为作用图

聚落文化作为族群间紧密联系的精神纽带，会受到当地社会背景条件、自然地理环境、居住生存空间、族际通婚、文化信仰、经济生产条件、族群交往形式等族群交流、交融等外在条件改变的影响，产生文化传播现象并引起聚落文化的变迁与融合，使之做出自然适应性、社会适应性及观念适应性的调整，进而引起聚落营建观念及其表现形式的改变。而聚落空间基因作为聚落空间中独特且稳定存在的空间组合模式，是聚落空间与自然环境、社会人文等要素在长期的互动交往过程中形成的，对聚落空间的形成和发展具有控制和引导作用，是承载地方文化的基本信息单元[59, 61]，会伴随着族群间文化的交流、传播、交融随之产生反馈调节行为并出现聚落空间基因的交融现象。换而言之，族群间文化的传播是推动屯堡聚落与周边族群聚落空间基因共性特征产生的主导因素与核心推动力（图7-4-4）。

民族文化传播是聚落文化及其空间基因产生变迁的主导驱动条件

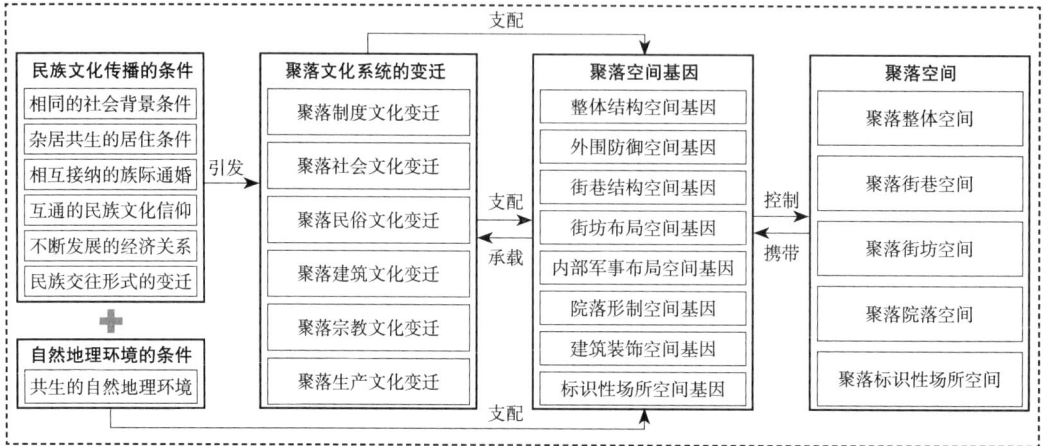

图7-4-4　聚落空间基因产生共性特征的模式

第8章

西南屯堡聚落空间的保护
传承与利用策略建议

8.1 总体原则

8.1.1 从遗产走廊视野开展体系性保护

驿道"走廊"作为跨越族群的"地域共同体"，为西南地区文化经济发展与遗产保护提供了崭新的视角。西南屯堡聚落遗存融通的特色文化是该廊道文化建构的重要组成部分，应从遗产走廊视野将其整合，包括湘黔滇驿道沿线由明代卫城—千户所城—百户所（屯、堡）—铺、哨的聚落体系和它们共同形成的文化地理单元、关联的物质和非物质文化遗产，以及多元的文化空间要素。

8.1.2 多尺度关联的整体性保护

屯堡聚落的保护不是若干空间要素集合的点状保护，而是涵盖空间要素之间的组合关系和空间结构，以建立起层层关联的整体性保护。在快速城镇化发展背景下，屯堡聚落面临保护对象单一或片面等问题，忽视了山、水、林、田各类自然要素与聚落布局、街巷走势、典型地标等人工要素间的整体关系，陷入文化景观趋同、历史文化信息消失的发展困境。需要关注各要素复杂交叉形成的空间组合关系，由单一要素保护转向整体关联性保护。

8.1.3 多组合规则的原真性保护

对屯堡现存空间中体现空间基因稳定性和原真性的部分进行保护。在屯堡聚落保护区内的规划中依据前文凝练的屯堡空间基因，对空间基因的载体本身提出保护举措。在发展区的传承延续中，以空间要素组合规则延续为核心，不是简单的形式模仿，需体现自然环境、社会人文和生产方式的互动形成独特的地域特色。各级各类规划考虑根据不同需求将空间基因传承内容融入，避免破坏空间基因所涉及的空间要素和组合规则。

8.1.4 多向度利用的延续性传承

屯堡空间基因是聚落在长期历史积淀中自然环境、聚落空间环境和社会人文环境三者互动契合与演化的产物，是聚落的"活态"遗产，对聚落发展具有重要作用。随着社会经济的发展，既有发展模式已不能满足日益增长的现代化生活需要，大量历史文化景观在建设中屡遭破坏、拆除及被新的空间形式所替代。因而对屯堡聚落的延续性传承策略，是基于聚落空间基因的完整性与原真性的基础上，把握聚落与自然环境、社会人文和社会经济等协同发展，使得屯堡空间基因延续与传承。在保护空间基因的同时，需要结合新的发展条件和规划设计目标，综合评估空间基因在新条件下传承的可行性和重点。其延续与传承可复制组合规则，并且注重要素创新，结合时代要素和环境要素的变化展开设计创作，因地制宜选用符合时代要求、传承文化的空间要素，既保持地方传统特色又能够实现创新和可持续发展。

8.2 聚落体系层面保护与利用策略

首先，明确西南屯堡聚落在文化走廊中的范围与定位，梳理屯堡分布与文化走廊的重合性区段，根据历史文脉，梳理西南地区遗留的卫城、所城、屯堡、关隘、哨所和驿道等，明确走廊中西南屯堡的整体定位。

其次，厘清构成要素并梳理分类，对文化遗产展开家底摸清，围绕军事遗存、屯堡文化的物质与非物质文化资源进行调查，根据历史文献、实物遗存、三普资料和口述史等对区域内的屯堡聚落进行全面的摸排，"确定区域内应当保护、改善、管理或开发的重要资源；明确资源的完整性、位置与其他特征信息"[131]，梳理出单体点状资源、聚落集聚片区资源以及带状分布资源，并对其各类遗产进行分析并进行历史价值评价，制定分类保护策略。

再次，从"点状节点—集聚片区—线性廊道"有机联动的视角对屯堡聚落在西南文化走廊遗产廊道的空间布局进行优化，突出节点的辐射功能，强化功能分区的突出特色，推动节点、片区的联动发展形成文化线路，提高遗产保护整体性和全面性，形成跨区域跨文化的整合型文化线路构架。

最后，完善配套的支持体系，加强西南屯堡聚落空间基因的继承保护与产业发展的相互支撑，重视遗存保护的同时，联动产业发展，做好交通与公共服务系统的完善与提升，最终共同形成保护网络体系，助力推动其融入西南文化走廊遗产廊道建构。

8.3 地景层面空间基因保护传承策略

屯堡聚落空间的山水格局是对西南地域环境不断适应的结果，西南屯堡聚落的环境格局中，地貌地形、植被农田和水口河流等自然景观都是聚落文脉的一部分，也与当代注重生态环境和谐不谋而合，需对聚落自然生态环境加以整体保护。可通过梳理区域范围的山水林田、地形地貌，与之契合的防御体系等，建立起整体的"山—水—聚落"宏观山水格局。同时，随着时代变迁，西南屯堡聚落环境中曾有的山（洞）坉、水坉等环境已成历史遗迹，针对山坉、水坉等遗存环境，一是加强溶洞坚固性保护，防止出现安全隐患；二是保留历史故事，寻根溯源；三是利用山坉、水坉的空间，可将其与旅游观览结合，形成独特的文化自然景观。

在生态景观视廊层面，应充分利用周边山体，设计山体与聚落之间的视廊关系，或山体聚落及聚落前田园风光、河流等的视线关系，从视域上打破较为封闭的屯堡聚落空间整体格局。随着交通网络的快速发展，屯堡聚落与周边村镇、市区的联系逐渐密切，基于村落扩张、对外联系等需求，聚落环境边界可随路网走向、荒地预留等延伸，但要注意梳理维护现有农田、水利设施等，尤其是在当下乡村旅游快速发展、现代农业产业化的背景下，要严格按照标准控制引导村庄用地指标，防止村庄建设用地无序扩张，破坏原有和谐的生态景观环境。

8.4 聚落层面空间基因保护传承与利用策略

8.4.1 延续"以中为尊"的布局基因

传统聚落"以中为尊"的营造思想源自对北极星的崇拜。北斗星座的运转总是围绕恒点——北极，漫天的星斗以它为中心永无休止地运动，由此，便产生了以中为尊的天理之道。在这样的思想主导下，我国古代建筑处处体现了中轴秩序，体现了讲究对称之美的中国传统哲学思想和文化精神。西南屯堡聚落整体布局"以中为尊"的空间基因特征，如聚落内沿中轴布局公共建筑，以中心或中轴为尊组织放射状或鱼骨状街巷路网布局体系。针对其中轴聚焦公共建筑和主街中轴式的传承基因特征，应在地形地貌允许的前提下，延续并复原中轴串联公共建筑的空间组织逻辑。

8.4.2 保护屯堡蕴含的历史军事防御信息单元

针对聚落入口设置的屯门、主街与窄巷接壤处的栅门等具有防御特征的基因，大多是明清时期基于军事及防御需求营建的历史遗留，呈现出极强的秩序感。在对屯堡聚落的保护与传承中应对屯墙、屯门、栅门（里坊门）、碉楼等进行保留与保护。虽然随着社会的发展，防御外敌的需求已经消失，但遗存的标志空间要素，对实际生活使用并未造成阻碍，反而是区域特色的极大彰显，在当下大力发展西南屯堡旅游集聚区的协同战略规划下，特色凸显变得尤为重要，屯墙、碉楼、栅门的特殊形态给予的视觉冲击，以及构筑细节上的巧思，都让后人对先人的营建智慧赞叹不已，故此对其保护具有重大价值。

8.4.3　保护与传承文化建筑标志空间基因

屯堡聚落标志空间基因是聚落的精神活动中心，大多以庙宇、宗祠、戏台为主，作为一种物化的文化精华，是中国传统文化深刻内涵的重要代表。在传统社会中，标志空间通常承担着道德教化、惩戒失范和文化传承等功能，其治理逻辑主要体现在文化认同的强化、基层自组织能力的发挥以及历史文化的传承等方面，标志空间承载着悠久而深厚的文化积淀，需要被保护、开发、提炼和传承。

在屯堡聚落中，标志空间中的公共建筑如宗祠、神殿、庙宇、戏台等极富地缘特征，不仅与聚落中各类民俗活动紧密结合，也是居民日常活动的空间中心。因此，在保护与传承中应加强对这类精神生活中心的保护，对庙宇、祠堂、戏台等节点空间进行留存与保护，尤其要加强引导组织自治，以活化空间，达到可持续发展。

8.4.4　延续层级秩序街坊空间基因

街坊层级结构是传统聚落与现代社区突出的特征差异之一，其由"间/厢"空间至院落组空间，形成街坊空间秩序结构。西南屯堡聚落整体布局基因呈现出类里坊制秩序的空间特征，清晰的街坊层级结构体系，充满秩序、内向封闭的群体组合模式。街坊空间整体感突出，空间紧凑、规则、有序且实用，对屯堡聚落街坊空间的保护与传承要注重强调层级秩序，延续组团较强的向心性和统一性。

近年来，村落人口外流，空心化日益严重，聚落建筑群体衰败或荒废，格局倒是被保留不少，也有居民原址拆除重建，整体格局破坏，不复留存。针对保存较好的聚落，评估聚落资源价值，修复完善传统风貌；针对保存一般的聚落，注重提升居民的生活品质，充分满足居民需求的基础上，保留较为有特色的层级结构特征，保留一份传统特色与邻里熟人社会的关系网络，可改造住房但保留街坊秩序和网络肌理。同时结合当前村镇生活圈的设置标准，满足居民对公共服务设施的基本需求，提高居民生活质量。

8.4.5　传承与优化街巷空间基因

街巷是聚落的重要骨架结构，街巷空间是营造聚落生活，激发聚落记忆的重要载体，保留着许多的历史记忆与传统文化故事，对其保护与传承，要注重原貌的保护，也要结合现实需求。对屯堡聚落的街巷空间基因的保护与传承，可以延续地域性材料，如西南地区特有的喀斯特地貌页岩等更能凸显特色。在铺设方式上，可以考虑更为精致有序的模式。再者，基于现代社会的生存发展需求，原有街巷空间的尺度虽有防御特色，但未免过于封闭，保护与传承思路可从两个角度出发：一是在尺度特征的导控上，结合文中梳理归纳的街巷断面宽高比、贴线率、界面密度等量化特征数据，对屯堡聚落街巷尺度进行保护，延续紧凑且连续的街巷断面形态；二是综合发展需求，对道路进行分级管理，满足消防需求，适度扩宽，尽量保留传统风貌，改造贴近原真性。

8.4.6 结合空间基因量化数据提出细部指标导控

将前文章节中梳理提取的西南屯堡外部防御、聚落空间结构、聚落平面形态、街坊序列、街坊组合、街巷交叉口、街巷界面、各类场所祠庙空间、水口园林、井台空间、场坝空间、戏台空间等的特征因子组合规则，关于街巷宽高比、贴线率、界面密度、开敞率、公共空间分维值、庭院空间比等定量的内容，作为保护性规划设计及更新性规划设计的依据，可以根据具体情况进行指标导控，也可在有充分论证的基础上在协调区、发展区对其进行延续或优化。

8.4.7 在复制组合规则的基础上注重要素创新[①]

对于场景价值特色显著、基因性状明显、具有较高保护价值的地区可根据实际情况划定为保护区。其他地区可根据上位规划和发展实际划定为发展区和一般地区。保护区重点加强传统空间要素和组合规则的保护，发展区鼓励尽可能复制组合规则，并结合新的发展条件和时代需求展开结合新的发展条件和规划设计目标，在复制组合规则的基础上，结合时代要素和环境要素的变化展开设计创作，因地制宜地选用符合时代要求、传承文化的空间要素，既保持地方传统特色又能够实现创新和可持续发展。

---

① 参考中国城市规划学会团体标准《特色村镇空间基因传承与规划设计方法指南》（征求意见稿）相关内容详见中国城市规划学会官网。

8.5 建筑层面空间基因的保护与传承

8.5.1 开展建筑稳定性与延续性价值评价

在对建筑层面空间基因进行保护与传承之前，先对建筑空间要素的稳定性和空间特征的延续性进行评价。其中，空间要素的稳定性是指该空间要素是否得以稳定保留至今，空间特征的延续性是指该空间基因的组合模式是否得以继续延续。对历史建筑强调建筑物、构筑物群体之间，以及与街巷空间的组合关系，空间要素的稳定性评价因子包括建筑物、构筑物结构与形式的稳定性，空间特征的延续性评价因子包括建、构筑物与街巷空间组合方式、建筑物、构筑物群体之间的组合方式、院落形式的延续性（表8-5-1）。

建筑价值评价   表8-5-1

建筑价值	空间要素的稳定性	历史风貌原真性	建筑结构、尺度、体量、材质、装饰及颜色是否和谐
		立面形态完整度	历史建筑的门窗等构件完整程度
		建筑结构完整度	历史建筑及地标的结构是否牢固
	空间特征的延续性	建筑体量协调性	建筑高度及密度是否和谐
		建筑材质协调性	建筑材质及颜色是否协调
		建筑布局秩序性	建筑院落位置、平面样式、组合关系等方面是否和谐

8.5.2 明确建筑保护价值等级及保护整治措施

基于传统建筑风貌和现状建筑质量的综合判定，对聚落中的院落空间进行整体评估，明确整体保护价值等级。对价值等级较高、风貌维持较好的建筑及院落，主要是保护与修缮，对于损坏部分加以修缮，维持传统风貌的完整性；核心保护区内对屯堡聚落建筑风貌影响较大或与历史风貌冲突的建筑进行重点整治；新建建筑的平面宜采用传统开间布局、三合院、四合院空间组合形式，将前文章节中提取的院落形制、庭院规模、建筑平面形式、建筑装饰、建筑朝向、建筑色彩及立面的特征因子组合规则及图谱作为整治提升的依据。

8.5.3 将空间基因定性内容转译为建筑设计要求

在协调区和发展区结合建筑空间基因提炼，对其进行延续或优化，在复制组合规则的基础上，结合时代要素和环境要素的变化展开设计创作，因地制宜地选用符合时代要求、传承文化的基因要素，既保持地方传统特色又能够实现创新和可持续发展。建筑传承注意庭院布局、建筑立面比例和对装饰等核心基因的保留，如建筑细部采用传统窗花、门扇等要素，地域性建筑材料的延续，碉楼建筑形态的转译使用等。新建建筑物、构筑物中天际轮廓线的制高点与基底建筑群的高差比例，可参考空间基因研究中样本村落碉楼屋顶与聚落建筑屋顶高度比例2.74/1～1.4/1，以取得比例关系和谐延续的天际轮廓线。对屯堡聚落砖灰为主，明黄、果绿、水蓝为辅的色彩基因进行延续。装饰基因层面，延续木雕艺术特征，注重保护与设计石木结合的垂花门楼，细腻精巧、纹理规整的门窗，风格古朴、纹路多样的腰门。石地漏、石屋基、射击孔洞以及石柱础等石雕民居构建的保留与保护，可沿用其特色形状与纹饰，同时也可融入现代纹理审美改善提升装饰风格建筑。更新则可根据新的功能需求，结合装饰、材料基因等进行传承。

8.5.4 置入多样功能以活化建筑院落

提升整体院落环境的同时优先保障居民的基本生活需求，提升居民室内居住质量，比如内挂保温隔热材料、增加天窗提升采光、增加厨房排烟设施、实现厨具现代化、保证户户有厕所等。同时，修建地下污水管网和化粪池，避免污水直排和外流。提升乡村环境和居民的生活质量，以此提升村民在家乡居住的满意度，激发卫所屯堡聚落空间的内在发展，有效减缓或遏制衰败速度。

针对有基础条件的建筑物、构筑物置入多样功能，梳理聚落的传统习俗、文化传说、典故史籍等，将其利用为当代居民日常活动的公共空间，如改造为城楼城墙公园、书画苑、研学堂、茶室、手工作坊或小型博物馆等，充分调动居民的积极性和参与性，为空间建设、文化传承、活动筹办等建言献策，激活其空间氛围，为旧屋注入新的活力。

8.6 空间活化利用的其他建议

8.6.1 强化基层自组织对空间的组织使用

屯堡聚落中较好地延续着尊老崇老的习俗,受过高等教育的乡贤能人近年来也越来越多在产业发展、文化守护和宣传方面发挥着重要作用,结合民俗活动成立的地戏队、花灯队、抬汪公队伍等都是自组织的基础。这些村民自主演化形成的组织机制,联结了家庭、村落和族群,强化了社会的村民自身认同与文化传承,是对行政治理的有力补充,以村党支部委员会和村民委员会为中心,基于村落现有的多样自组织协会,构建多方参与平台,充分吸引乡贤等外流人才,调动村中集体活动参与度高、集体责任感强的群体,为聚落民俗活动展开、文化空间使用与建设等献策献计。同时,以公共空间为载体,完善公共参与机制、乡贤融资投资机制、村党支部委员会和村民委员会管理机制等,由此充分调动各方积极性,引导组织自治以唤醒空间活力。

8.6.2 文旅深度融合,因地制宜开发文化新业态

云南、贵州均属旅游大省,旅游业呈现高速发展。但卫所屯堡类型的军事文化遗产虽然被列入文物保护单位或传统村落保护名录,但并没有效融入该地区的旅游增长上位圈,聚落遗产没有得到高效活化利用。事实上,虽然大部分的卫所屯堡型聚落空间已经消亡,但许多遗留的聚落空间是具备活化利用可能性的,现状的交通设施可以满足点状聚落遗存的线性串联。聚落内部的文化空间和军事空间具有多样性和完整性,根据历史文脉,整合地区遗留的卫城、所城、屯堡、关隘、哨所和驿道等相关联的物质和非物质文化遗产,可以形成特色的明代军事文化品牌。打造文化品牌的过程中,要优先为当地居民提供就业岗位,为有自主创业意向的群众提供创业机遇、理论培训和专业指导,带动当地特色农产品及特产销售,以此提升当地居民的就业和创业机会。

8.6.3 讲好民族融合故事,带动周边乡村振兴

明代屯堡主体居民为汉族移民,在进入云贵地区的几百年间,一方面带来了先进的技术生产力和儒学教化,另一方面也在不断适应山地自然环境和多民族杂居的局面,在互相的学习借鉴中产生了文化交融。在对卫所屯堡进行保护利用的同时,可结合周边乡

村多民族的文化景观、美食、服饰、获得多样丰富的文化体验，感受明清移民而来的汉族在云贵地区长期产生生活的适应与融合，起到文化熏陶和情感联系的作用，并进一步加强旅游空间组织、旅游配套设施建设，围绕多民族融合进行旅游产品开发。

8.6.4　加快文化遗产数字化保护

对屯堡遗址和遗存要防止其由于认知要素和环境的破坏而导致消亡，对该地区非物质文化遗产和聚落实体采用数字化方式加以保护与活化利用，及时用数字化方式对屯堡遗产进行数字化记录归档，数据库的内容应该涵盖物质文化遗产和非物质文化遗产：屯堡聚落空间分布、聚落空间布局、文化空间、防御性要素、历史建筑、古籍文献、地戏和手工艺等非物质文化遗产。记录过程要注意防止对文化遗产的二次破坏，对不同的文化遗产应采取多元的现代化手段记录，形成数字博物馆、数字化复原或数字化展示等平台。

参考文献

[1] 白钢. 中国政治制度史 [M]. 天津：天津人民出版社，1991：251.

[2] 王毓铨. 明代的军屯 [M]. 北京：中华书局，2009：186-189.

[3] 胡蒚. 镇宁县志：地理志 沿革 [M]. 贵阳：贵州人民出版社，2023：18.

[4] 严如熤. 苗防备览 [M] // 王有立. 中华文史丛书. 北京：华文书局，1969.

[5] 贵州民族研究. 明实录贵州资料辑录 [M]. 贵阳：贵州人民出版社，1983：5.

[6] 夏燮. 明通鉴：第8卷 [M] // 杨昌儒，孙兆霞，金燕. 贵州民族关系的构建. 贵阳：贵州人民出版，2010：53.

[7] 唐莉. 试论明朝贵州卫所的特点 [J]. 民族史研究，2015（1）：13.

[8] 许鑫. 明代云南卫所考论 [D]. 昆明：云南大学，2016.

[9] 张道. 贵州通志：第2卷 [M]. 贵阳：贵州人民出版社，1987：26.

[10] 陆韧. 明代云南汉族移民定居区的分布与拓展 [J]. 中国历史地理论丛，2006，（03）：74-83.

[11] 史继忠. 解读贵州文化 [M]. 贵阳：贵州教育出版社，2000.

[12] 孙兆霞. 屯堡乡民社会 [M]. 北京：社会科学文献出版社，2005.

[13] 郭红. 明代卫所移民与地域文化的变迁 [J] 中国历史地理论丛，2003，（2）：151-156.

[14] 王海宁. 传承与演化——贵州屯堡聚落研究 [J]. 城市规划，2008（1）：90.

[15] 杜佳，华晨，吴宁，等. 黔中喀斯特山区屯堡聚落空间特征研究 [J]. 建筑学报，2016（5）：6.

[16] 郭红，靳润成. 中国行政区划通史明代卷 [M]. 上海：复旦大学出版社，2007：258.

[17] 黄菡薇. 元明清"湘黔滇驿道"建置过程及路线变迁 [J]. 安顺学院学报，2019，21（2）：22-28.

[18] 杨志强，赵旭东，曹端波. 重返"古苗疆走廊"——西南地区、民族研究与文化产业发展新视阈 [J]. 中国边疆史地研究，2012（2）：13.

[19] 杨志强. 文化建构、认同与"古苗疆走廊" [J]. 贵州大学学报，2012（6）：103-109.

[20] 曹端波. 国家、族群与民族走廊——"古苗疆走廊"的形成及其影响 [J]. 贵州大学学报，2012（5）：76-85.

［21］杨志强．"国家化"视野下的中国西南地域与民族社会——以"古苗疆走廊"为中心［J］．广西民族大学学报：哲学社会科学版，2014，36（3）：8.

［22］杨志强．"走廊"研究启示：跨越族群的"地域共同体"建构［J］．湖北民族大学学报（哲学社会科学版），2023，41（6）：124-135.

［23］周超，王可欣，黄楚梨，等．明代贵州军事聚落的布局与选址研究［J］．中国园林，2022，38（12）：109-114.

［24］明史：第九十卷 兵志二•卫所［M］．北京：中华书局，1974：2193.

［25］李昌礼，颜建华．从屯堡家谱看屯堡乡民社会的历史变迁——兼论屯堡人与少数民族之关系［J］．贵州民族研究，2012（4）：6.

［26］范同寿．贵州简史［M］．贵阳：贵州人民出版社，1991：40.

［27］吕志伊，李根源．滇粹［M］．铅印本［出版社不详］，1905（光绪三十五年）．

［28］续修安顺府志：第4卷 民族志［M］．［出版地不详］［出版社不详］，1983.

［29］翁家烈．夜郎故地上的古汉族群落——屯堡文化［M］．贵阳：贵州教育出版社，2002：100.

［30］王海宁．文化迁徙与变迁视野中的传统聚落形态研究——以贵州屯堡为例［D］．南京：东南大学，2009.

［31］杜佳．贵州喀斯特山区的民族传统乡村聚落空间形态［M］．北京：中国建筑工业出版社，2018.

［32］周耀明．族群岛：屯堡人的文化策略［J］．广西民族学院学报（哲学社会科学版），2002（2）：46-50.

［33］罗建平，单军．"天地君亲师"信仰：屯堡聚落的"礼"与"理"［J］．新建筑，2012，（4）：140-143.

［34］代富红，佘舒婷，杜佳．苗疆走廊空间文化基因研究——以安顺屯堡为例［J］．湖北民族大学学报（哲学社会科学版），2023，41（6）：147-158.

［35］帅学剑．安顺地戏［M］．杭州：浙江人民出版社，2008：162.

［36］王竹，魏秦，贺勇．地区建筑营建体系的"基因说"诠释——黄土高原绿色窑居住区体系的建构与实践［J］．建筑师，2008（1）：29-35.

［37］常青．我国风土建筑的谱系构成及传承前景观——基于体系化的标本保存与整体再生目标［J］．建筑学报，2016（10）：1-9.

［38］申秀英，邓运员，等．景观基因图谱：聚落文化景观区系研究的一种新视角［J］．辽宁大学学报（哲学社会科学版），2006（3）:143-148.

［39］刘春腊，邓运员，等．中国传统聚落景观区划及景观基因识别要素研究［J］．地理学报，2010，65（12）：1496-1506.

［40］胡最，邓运员，等．传统聚落景观基因的识别与提取方法研究［J］．地理科学，2015，35（12）：1518-1524.

［41］胡最，邓运员，等．传统聚落文化景观基因的符号机制［J］．地理学报，2020，

75（4）：789-803.

[42] 胡慧，胡最，王帆，等. 传统聚落景观基因信息链的特征及其识别 [J]. 经济地理，2019，39（8）：216-223.

[43] 翟文燕，张侃侃，常芳. 基于地域"景观基因"理念下的古城文化空间认知结构——以西安城市建筑风格为例 [J]. 人文地理，2010，25（2）：60，78-80.

[44] 黄琴诗，朱喜钢，陈楚文. 传统聚落景观基因编码与派生模型研究——以楠溪江风景名胜区为例 [J]. 中国园林，2016，32（10）：89-93.

[45] 陈秋渝，杨俊熙，罗施贤，等. 川西林盘文化景观基因识别与提取 [J]. 热带地理，2019，39（2）：254-266.

[46] 杨晓俊，方传珊，王益益. 传统村落景观基因信息链与自动识别模型构建——以陕西省为例 [J]. 地理研究，2019，38（6）：1378-1388.

[47] 黄华达，漆子钰，林夏斌，等. 闽南传统红砖聚落景观基因的识别研究 [J]. 中国园林，2018，34（9）：53-57.

[48] 陈晓刚，王苏宇，张元富. 客家特色小镇的乡土文化及其景观建设路径探析 [J]. 城市发展研究，2018，25（11）：130-134.

[49] 苑思楠. 传统城镇街道系统的空间形态基因研究 [D]. 天津：天津大学，2012.

[50] 牛泽文. 曲阜明故城城市形态基因特征图谱初探 [D]. 西安：西安建筑科技大学，2014.

[51] 赵万民，廖心治，王华. 山地形态基因解析：历史城镇保护的空间图谱方法认知与实践 [J]. 规划师，2021，37（1）：50-57.

[52] 乌再荣. 基于"文化基因"视角的苏州古代城市空间研究 [D]. 南京：南京大学，2009.

[53] 刘博. 文化基因视角下庆城城市空间形态演变研究 [D]. 西安：长安大学，2018.

[54] 刘辉龙. 建筑文化基因语境下寿县历史公共空间的更新设计研究 [D]. 北京：北京建筑大学，2019.

[55] 郭谌达，周俭. 基于"城市人"理论的文化基因视角下传统村落空间特征研究——以张谷英村为例 [J]. 上海城市规划，2020（1）：88-92.

[56] 牛雄，田长丰，孙志涛，等. 中国城市空间文化基因探索 [J]. 城市规划，2020，44（10）：81-92.

[57] 邹伦斌. 文化基因视角下的黔东南侗族乡土聚落空间形态解析 [D]. 西安：西安建筑科技大学，2016.

[58] 陈满妮，张力. 基于多元民族文化基因的空间规划应用——以七彩云南·古滇名城旅游核心区概念规划为例 [J]. 建筑与文化，2021，（6）：252-255.

[59] 段进，邵润青，兰文龙，等. 空间基因 [J]. 城市规划，2019，43（2）：14-21.

[60] 黄宗胜，王志泰，龚镭，等. 空间基因概念内涵及展望 [J]. 华中建筑，2020，38（10）：19-21.

［61］ 段进，姜莹，李伊格，等. 空间基因的内涵与作用机制［J］. 城市规划，2022，46（3）：7-14+80.

［62］ 邵润青，段进，姜莹，等. 空间基因：推动总体城市设计在地性的新方法［J］. 规划师，2020，36（11）：33-39.

［63］ 邵润青，段进，钱艳，等. 空间基因：驻留地方记忆的规划设计新途径——南京原近代民国首都机场案例［J］. 规划师，2020，36（19）：40-46.

［64］ 冯伟，车媛洁，沈育辉. 从空间基因探讨历史街区的生长模式［J］. 新建筑，2019（4）：132-136.

［65］ 吕锋，马凌. 基于空间基因传承的咸阳市明清城空间发展策略初探［J］. 小城镇建设，2021，39（9）：11-19+55.

［66］ 姜红，陈凯芳，罗兴与. 特色村镇地区空间基因保护及利用关键技术探索——以闽江流域中下游特色村镇地区为例［J］. 小城镇建设，2022，40（7）：94-102.

［67］ 张振龙，陈文杰，沈美形，等. 苏州传统村落空间基因居民感知与传承研究——以陆巷古村为例［J］. 城市发展研究，2020，27（12）：1-6.

［68］ 李欣，易灵洁. 湖南通道侗族聚落的空间基因图谱研究［J］. 南方建筑，2020（2）：89-96.

［69］ 周慧，刘韦雨，龚镭，等. 黔东南侗族传统村落空间基因的多样性分析［J］. 贵州民族研究，2020，41（11）：6.

［70］ 董艳平，江鑫源，王占雍，等. 线性文化遗产视域下的汾河流域传统村落空间基因识别研究［J］. 工业建筑，2022，52（4）：10-15+9.

［71］ 吴良镛. 人居环境科学导论［M］. 北京：中国建筑工业出版社，2001.

［72］ 管彦波. 西南民族聚落的形态、结构与分布规律［J］. 贵州民族研究，1997（1）：33-37.

［73］ 浦欣成. 传统乡村聚落平面形态的量化方法研究［M］. 南京：东南大学出版社，2013.

［74］ 段进，比尔·希利尔. 空间句法在中国［M］. 南京：东南大学出版社，2015.

［75］ 王青. 城市形态空间演变定量研究初探——以太原市为例［J］. 经济地理，2002，22（5）：339-341.

［76］ 周钰. 街道界面形态规划控制之"贴线率"探讨［J］. 城市规划，2016，40（8）：25-29+35.

［77］ 霍珺，韩荣，耿大磊. 城市历史街区街巷界面形态的量化方法——以镇江市大龙王巷历史街区为例［J］. 城市问题，2017（11）：33-39.

［78］ 石峰. 度尺构形——对街道空间尺度的研究［D］. 上海：上海交通大学，2005.

［79］ 芦原义信. 街道的美学［M］. 尹培桐，译. 天津：百花文艺出版社，2006：46.

［80］ 阮仪三，相秉军. 苏州古城街坊的保护与更新［J］. 城市规划汇刊，1997（4）：45-49+12.

［81］刘文征. 滇志：第27卷 艺文第十一之十［M］. 古永继，校. 昆明：云南教育出版社，1991；916.

［82］陆韧. 明代云南的驿堡铺哨与汉族移民［J］. 思想战线，1999（6）：85-89.

［83］季松. 江南古镇的街坊空间结构解析［J］. 规划师，2008（4）：75-78.

［84］刘晶晶. 云南"一颗印"民居的演变与发展探析［D］. 昆明：昆明理工大学，2008：11-12.

［85］夏鹤鸣，廖国平. 贵州航运史［M］. 北京：人民交通出版社，1993：4-5.

［86］周红，文逸琪，伍国正. 文化线路视野下湖南沅水古航道及沿线古镇的考察与研究［J］. 新建筑，2015（6）：105-107.

［87］安芮. 水道、集镇与民族社会［D］. 贵阳：贵州大学，2017.

［88］胡振. 明代贵州军事地理研究（1368-1644）［D］. 合肥：安徽大学，2018.

［89］庹修明. 黔东傩戏傩文化发掘、保护与开发［C］//中国民族学学会，国际人类学与民族学联合会第十六届（2008）世界大会筹委会，中山大学. 文化多样性与当代世界.［出版地不详］［出版者不详］，2006：274-284.

［90］陈永萍. 明代思州土司改土归流与黔东社会变迁研究［D］. 贵州：贵州师范大学，2021.

［91］何谦，陈登文. 屯堡建筑木雕的文化背景探析［J］. 安顺学院学报，2016，18（5）：1-3+7.

［92］黄亮. 青龙洞古建筑群研究［D］. 重庆：重庆大学，2007.

［93］张纵，高圣博，李若南. 徽州古村落与水口园林的文化景观成因探颐［J］. 中国园林，2007（6）：23-27.

［94］翁家烈. 屯堡文化研究［J］. 贵州民族研究，2001（4）：68-78.

［95］古永继. 从明代滇、黔移民特点比较看贵州屯堡文化形成的原因［J］. 贵州民族研究，2006（2）：56-62.

［96］郑善文，刘杰. 南方合院式民居空间特征对比研究——以湘西窨子屋、徽州民居、云南一颗印为例［J］. 中外建筑，2018（9）：55-57.

［97］曾晓渝. 明代南直隶辖区官话方言考察分析［J］. 古汉语研究，2013（4）：40-50+95-96.

［98］伍安东，吕燕平. 屯堡方言初探［J］. 安顺师范高等专科学校学报（综合版），2004（01）：17-20+80.

［99］李建军. 文化的主体性与屯堡文化研究［J］. 贵州社会科学，2023（10）：150-155.

［100］高寿仙. 徽州文化［M］. 沈阳：辽宁教育出版社，1993.

［101］蒋立松. 从汪公等民间信仰看屯堡人的主体来源［J］. 贵州民族研究，2004（1）：45-50.

［102］帅学剑. 安顺屯堡人与屯堡文化［J］. 安顺师专学报（社会科学版），1994（3）：69-73.

［103］卢百可. 屯堡人：起源、记忆、生存在中国的边疆［D］. 北京：中央民族大学，
2010.

［104］夏勇. 贵州布依族传统聚落与建筑研究［D］. 重庆：重庆大学，2012.

［105］汤移平. 江西吉安钓源村［J］. 文物，2021（10）：88-97.

［106］范玉春. 论中国古代军事移民对移居地的影响［J］. 广西师范大学学报（哲学社
会科学版），2000（1）：81-84.

［107］唐欢，田阡. 明清以来黔东南多民族互嵌格局与中华民族共同体意识凝聚［J］.
原生态民族文化学刊，2022，14（5）：29-40+153.

［108］杨昌儒，孙兆霞，金燕. 贵州：民族关系的构建［M］. 贵阳：贵州人民出版社，
2008.

［109］翁家烈. 明代贵州民族关系述略［J］. 贵州民族研究，2004（3）：147-155.

［110］李效梅，戴志中. 苗疆走廊传统村落民族文化谱系多样性及融合性特征研究［J］.
湖北民族大学学报（哲学社会科学版），2023，41（6）：136-146.

［111］刘亚. 贵州屯堡人与周边少数民族关系研究［D］. 贵阳：贵州师范大学，2008.

［112］单军，罗建平. 防御性建筑的地域性应答——以安顺屯堡为例［J］. 建筑学报，
2011（11）：16-20.

［113］韦启光. 布依族文化研究［M］. 贵州：贵州民族出版社，1998.

［114］罗正副. 调适与演进：无文字民族文化传承［D］. 厦门：厦门大学，2009.

［115］黄丹，戴颂华. 黔中岩石民居地域性与建造技艺研究［J］. 建筑学报，2013（5）：
105-110.

［116］周政旭，封基铖. 生存压力下的贵州少数民族山地聚落营建——以扁担山地区为
例［J］. 城市规划，2015，39（9）：74-81.

［117］吴晓萍. 现代化背景下贵州高原屯堡后裔与当地少数民族关系的演变研究［M］.
成都：西南交通大学出版社，2013.

［118］马戎. 西方民族社会学的理论与方法［M］. 天津：天津人民出版社，1997：15.

［119］杜春兰，常贝. 文化人类学视角下水西彝族土司建筑的基因解读［J］. 西部人居
环境学刊，2021，36（2）：125-131.

［120］金炳镐. 民族关系理论通论［M］. 北京：中央民族大学出版社，2007：28.

［121］侯绍庄，史继忠，翁家烈. 贵州古代民族关系史［M］. 贵阳：贵州民族出版社，
1991：347.

［122］赵健君. 论民族交往［J］. 西北民族大学学报（哲学社会科学版），1991（2）：
14-18.

［123］廖杨. 人类学视野中的交往与族群关系［J］. 思想战线，2005（1）：21-25.

［124］李建军. 学术视野下的屯堡文化研究［M］. 贵阳：贵州科技出版社，2009：95.

［125］马戎. 语言使用与族群关系（民族社会学连载之三）［J］. 西北民族研究，2004
（1）：20-44+147.

［126］马戎. 民族社会学［M］. 北京：北京大学出版社，2004：466-467.

［127］吴晓萍，杨文谢. 地戏文化在少数民族地区的传播与黔中族群关系的演变［J］. 教育文化论坛，2010，2（5）：105-110.

［128］伍兹. 文化变迁［M］. 施维达，胡华生，译. 昆明：云南教育出版社，1989：7.

［129］宁军. 河西走廊多元民族文化交融方式探析［J］. 西南民族大学学报（人文社科版），2018，39（9）：34-39.

［130］周鸿铎. 文化传播学通论［M］. 北京：中国纺织出版社，2005：8.

［131］奚雪松. 大运河遗产廊道构建概念、途径与设想［M］. 北京：电子工业出版社，2012：12.

后 记

回首《西南屯堡聚落空间解析》的研究与成书历程，湘黔滇古驿道沿线那些古老的屯堡聚落依旧历历在目：那些斑驳的石墙、蜿蜒的巷道、耸立的碉楼诉说着屯田戍边的历史；山水护城的选址、军事防御的格局、江淮合院的风韵、中心集聚的文化建筑积淀着中国传统聚落营建的智慧、民族共融的历程、地域特色的内涵，更见证了明清汉族移民与西南各族群文化交流融合。如何在现代化浪潮中提取其空间基因，解析其文化密码，既是对历史的回望，亦是对未来的叩问。

研究过程中，我们以国家自然科学基金项目"西南屯堡聚落空间基因图谱及其传播的时空特征研究"为依托，构建了建筑学、城乡规划学、历史学、民族学等多学科交叉视角及技术路径。犹记得课题组师生深入田野的一幕幕：攀爬山崖测量屯墙的数据，穿行巷道记录街巷院落的拓扑，在耄耋老人的口述和泛黄的家谱中追寻族谱迁徙的脉络。年轻学子的努力和专注——宝珍奔赴江浙对屯堡族群的追溯，舒婷在空间句法及各种量化研究中的严谨，嘉惠与廷琳在受关注不多的屯堡亚文化区的探索，以及高玄、安家林、伍迎萍、林少骏等研究生参与的诸多工作都构成了书稿的一部分。

特别需要铭记的是，研究始终受益于多方的支持：感谢国家自然科学基金委员会对基础研究的持续投入，让扎根西部的学者得以开展系统性探索；感谢地方各主管部门的支持，感谢贵州省城乡规划设计院冯海波、李海及贵州土木工程学会城乡遗产保护学术委员会主任越剑等专家的帮助；感谢云南曲靖地区遇到的张仕瑞先生热情细心的讲解，感谢徐武先生提供的珍贵影像资料以及调研过程中那许许多多提供帮助却不知名的屯堡乡民们；感谢工作单位贵州大学各部门对科研工作的大力支持和协助，感谢课题组李效梅、吴倩华、代富红等各位参与研究的同伴。当然，还有父母家人多年如一日的支持和帮助。

本书虽暂告段落，但我们对西南传统聚落的研究远未终结。团队将持续关注西南地区及湘黔滇古驿道沿线多民族传统聚落。期待未来有更多学者加入，唯愿此书能化作一块屯堡山石，为后来者铺就继续攀登的阶梯。

杜 佳

2025年春于贵州大学